U0379003

江苏高校品牌专业建设工程资助项目

UG NX 数控多轴铣削加工实例教程

虞 俊 宋书善 黄俊刚 编 著

机械工业出版社

本教材通过九个典型加工实例，介绍了UG NX数控铣削加工方法和技巧。本教材主要内容包括：UG CAM 概述，UG CAM基础知识，平面铣加工，型腔铣加工，固定轮廓铣加工，点位加工，多轴定向加工液压阀，五轴联动加工工艺鼎，叶轮的加工。本教材还附有加工实例的源文件和最终结果文件，同时配有操作视频，可供读者参考。

本教材可供高等职业学校和技工院校CAD/CAM专业师生使用，也可供广大使用UG软件的工程技术人员参考。

图书在版编目（CIP）数据

UG NX 数控多轴铣削加工实例教程 / 虞俊，宋书善，黄俊刚编著 .
— 北京：机械工业出版社，2015.11（2023.1 重印）
ISBN 978-7-111-51950-8

Ⅰ . ① U…   Ⅱ . ①虞… ②宋… ③黄…   Ⅲ . ①数控机床 – 程序设计 –
应用软件 – 教材   Ⅳ . ① TG659

中国版本图书馆 CIP 数据核字（2015）第 255224 号

机械工业出版社（北京市百万庄大街 22 号　邮政编码 100037）
策划编辑：赵磊磊　责任编辑：赵磊磊　宋亚东
版式设计：霍永明　责任校对：张　征
封面设计：陈　沛　责任印制：郜　敏
北京盛通商印快线网络科技有限公司印刷
2023 年 1 月第 1 版第 5 次印刷
184mm × 260mm·15 印张·346 千字
标准书号：ISBN 978-7-111-51950-8
定价：49.80 元

电话服务　　　　　　　　　网络服务
客服电话：010-88361066　机 工 官 网：www.cmpbook.com
　　　　　010-88379833　机 工 官 博：weibo.com/cmp1952
　　　　　010-68326294　金 书 网：www.golden-book.com
封底无防伪标均为盗版　机工教育服务网：www.cmpedu.com

前　言

目前应用于数控编程的软件有很多，大多数都集计算机辅助设计（CAD）和计算机辅助制造（CAM）于一体，UG NX 的加工模块一直居行业领先地位，其加工功能完备，加工方法丰富，在行业中的应用广泛，是航空航天、汽车、船舶、机械电子等行业首选的加工软件之一。

本教材是编者根据多年来对 UG NX 中 CAM 模块的深刻理解，结合生产和教学过程中积累的经验编写的。

本教材通过九个典型加工实例，介绍了 UG NX 数控铣削加工方法和技巧。本教材主要内容包括：UG CAM 概述，UG CAM 基础知识，平面铣加工，型腔铣加工，固定轮廓铣加工，点位加工，多轴定向加工液压阀，五轴联动加工工艺鼎，叶轮的加工。本教材还附有加工实例的源文件和最终结果文件，同时配有操作视频，可供读者参考。读者可扫描下面二维码下载。本教材可供高等职业学校和技工院校 CAD/CAM 专业师生使用，也可供广大使用 UG 软件的工程技术人员参考。

本教材由虞俊、宋书善、黄俊刚编著，具体编写分工如下：项目 1、2、6 由常州信息职业技术学院的宋书善编写，项目 4、9 由常州技师学院的黄俊刚编写，项目 3、5、7、8 由常州轻工职业技术学院的虞俊编写。全书由虞俊统稿，常州轻工职业技术学院的褚守云主审。

由于编者水平有限，疏漏之处在所难免，恳请广大读者批评指正。

编　者

目　录

项目 1　UG CAM 概述

1.1　NX8.0 加工模块简介

　　NX CAM 是 UGS 的一套集成化的数控加工模块。目前应用于数控编程的软件有很多，大多数都集计算机辅助设计（CAD）和计算机辅助制造（CAM）于一体，UG NX 的加工模块一直居行业领先地位，其加工功能完备，加工方法丰富，行业应用广泛，是航空航天、汽车船舶、机械电子等行业首选的加工软件之一。

1.1.1　NX8.0 加工模块常用功能

1. 车削加工

　　车削加工（Lathe）提供了高质量加工车削类零件需要的所有功能，它包括粗车、多刀路精车、车内（外）沟槽、车螺纹和中心钻孔等功能。可在屏幕模拟显示刀具路径，生成刀位原文件和各类常用数控系统的加工程序。

2. 平面铣

　　平面铣（Planar Milling）可实现平面轮廓或平面区域的粗、精加工。刀具平行于工作底面进行多层铣削。每个切削层均与刀轴垂直，各加工部位的侧面与底面垂直。平面铣用于加工边界定义的区域，切除的材料为各边界投影平面到底面之间的部分。

3. 型腔铣

　　型腔铣（Cavity Milling）用于型腔与型芯的粗加工，用户可根据型腔或型芯的形状，将要切除的部分在深度方向上分成多个切削层进行切削，每个切削层可指定不同的切削深度，并可用于加工侧壁或底面不垂直的部位，但在切削时要求刀具轴线与切削层垂直。型腔铣在刀具路径的同一高度内完成一层切削后再进行下一层的切削，系统按照零件在不同深度的截面形状计算各层的刀具轨迹。

4. 固定轴曲面轮廓铣

　　固定轴曲面轮廓铣（Fixed-Axis Milling）用于精加工由曲面形成的区域。它通过控制刀具轴和投影矢量，以使刀具沿着复杂的轮廓曲面运动。其刀具轨迹由投影到零件表面上的点集组成。

　　固定轴轮廓铣刀位轨迹的产生过程可以分两个阶段：首先从驱动体上产生驱动点，然后将驱动点沿着一个指定的矢量投影到零件几何体上，产生轨迹点，同时检查该刀位轨迹点是否过切或超差。如果该刀位轨迹点满足要求，则输出该点，驱动刀具运动；否则放弃该点。

5. 可变轴曲面轮廓铣

可变轴曲面轮廓铣（Variable Axis Milling）支持多轴联动的轮廓（区域）切削，其刀轴矢量和曲面表面粗糙度质量可以由用户通过切削参数设置。此功能利用丰富的投影方式和辅助几何体（曲面、曲线、点、边界等）在待加工区域生成刀轨接触点，再通过灵活的刀轴控制功能驱动刀具按指定规律变化，以实现空间复杂曲面的加工。

6. 叶轮加工

可变轴叶轮加工（Mil_mult_blade）是 UG 提供的模块化叶轮加工功能，用户通过指定叶毂、包覆、主叶片、分流叶片、叶根圆角等叶轮结构，使用此功能提供的叶轮粗加工、叶毂精加工、叶片精加工、叶根圆角精加工子模块，智能化地完成叶轮的加工。

7. 点位加工

点位加工（Point to point ）可产生钻、扩、镗、螺纹的加工路径，该加工的特点是：用点作为驱动几何体。根据需要选择不同的孔类加工固定循环生产刀轨，产生加工程序。

8. 线切割

线切割（Wire EDM）是利用电极丝对工件进行脉冲放电的原理来切割金属材料的，NX8 CAM 可方便地在二轴和四轴方式中切削零件，按照加工要求，自动切割任意角度的直线和圆弧。线切割支持线框或实体的 UG 模型，在编辑和模型更新中，所有操作都完全相关，多种类型的线切割操作都是有效的。

1.1.2　NX8.0 界面

1. 进入加工界面

UG CAM 主要是对建立好的模型进行创建操作、生成刀具轨迹、后置处理产生数控程序、输出数控程序等操作。这些操作均需要在 UG 加工模块中实现。打开所需加工的实体模型后，用户可以通过以下方法进入 UG 加工环境。

1）使用快捷键"Ctrl+Alt+M"。

2）单击标准工具栏中的菜单【开始】→【加工】，如图 1-1 所示。系统弹出如图 1-2 所示"加工环境"对话框，其中"CAM 会话配置"列出了系统提供的加工配置文件，可从中选择不同的加工配置文件，"要创建的 CAM 配置"列出的内容也有所不同。

图 1-1　选择加工模块

图 1-2　"加工环境"对话框

指定 CAM 会话配置和相应的 CAM 配置后，单击"确定"按钮，系统"进入"如图 1-3 所示的 NX8 加工界面。

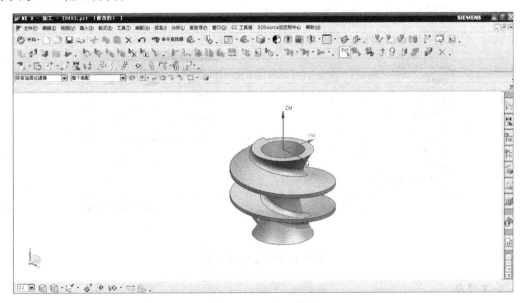

图 1-3　NX8 加工界面

2. 加工首选项

单击主菜单栏中的【首选项】→【加工】，系统弹出如图 1-4 所示"加工首选项"对话框。用户可根据需要对相应的加工选项进行设置。其中图 1-4a 所示主要对加工仿真过程中的各种颜色和动画精度进行设置；图 1-4b 所示用于指定各类几何体的颜色；图 1-4c 所示主要用于指定加工过程中的刀轨更新；图 1-4d 所示用于控制程序输出时的精度和小数位数。

a）

b）

图 1-4　加工首选项

c) d)

图1-4 加工首选项（续）

3. 工具条

常用的 CAM 工具条有：操作导航器工具条、创建加工工具条、对象操作工具条、刀轨操作工具条。

（1）操作导航器工具条 如图1-5所示为操作导航器工具条及其常用功能按钮的说明。

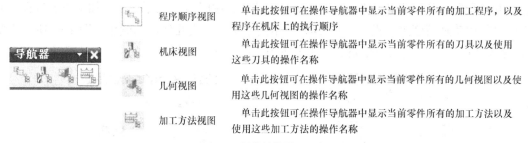

	程序顺序视图	单击此按钮可在操作导航器中显示当前零件所有的加工程序，以及程序在机床上的执行顺序
机床视图	单击此按钮可在操作导航器中显示当前零件所有的刀具以及使用这些刀具的操作名称
几何视图	单击此按钮可在操作导航器中显示当前零件所有的几何视图以及使用这些几何视图的操作名称
加工方法视图	单击此按钮可在操作导航器中显示当前零件所有的加工方法以及使用这些加工方法的操作名称

图1-5 操作导航器工具条

（2）创建加工工具条 如图1-6所示为创建加工工具条及其常用功能按钮的说明。

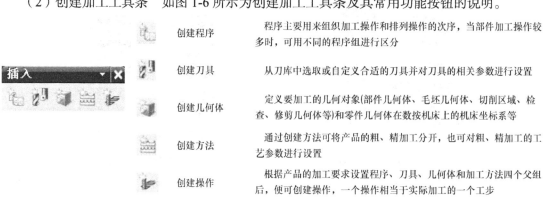

	创建程序	程序主要用来组织加工操作和排列操作的次序，当部件加工操作较多时，可用不同的程序组进行区分
创建刀具	从刀库中选取或自定义合适的刀具并对刀具的相关参数进行设置
创建几何体	定义要加工的几何对象(部件几何体、毛坯几何体、切削区域、检查、修剪几何体等)和零件几何体在数按机床上的机床坐标系等
创建方法	通过创建方法可将产品的粗、精加工分开，也可对粗、精加工的工艺参数进行设置
创建操作	根据产品的加工要求设置程序、刀具、几何体和加工方法四个父组后，便可创建操作，一个操作相当于实际加工的一个工步

图1-6 创建加工工具条

（3）对象操作工具条　如图 1-7 所示为对象操作工具条及其常用功能按钮的说明。

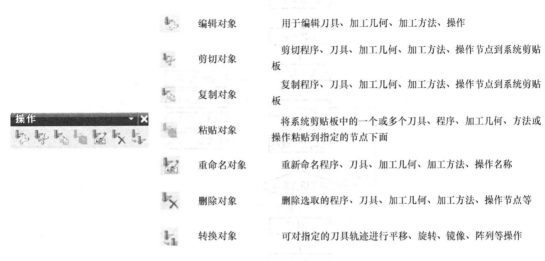

	编辑对象	用于编辑刀具、加工几何、加工方法、操作
	剪切对象	剪切程序、刀具、加工几何、加工方法、操作节点到系统剪贴板
	复制对象	复制程序、刀具、加工几何、加工方法、操作节点到系统剪贴板
	粘贴对象	将系统剪贴板中的一个或多个刀具、程序、加工几何、方法或操作粘贴到指定的节点下面
	重命名对象	重新命名程序、刀具、加工几何、加工方法、操作名称
	删除对象	删除选取的程序、刀具、加工几何、加工方法、操作节点等
	转换对象	可对指定的刀具轨迹进行平移、旋转、镜像、阵列等操作

图 1-7　对象操作工具条

（4）刀轨操作工具条　如图 1-8 所示为刀轨操作工具条及其常用功能按钮的说明。

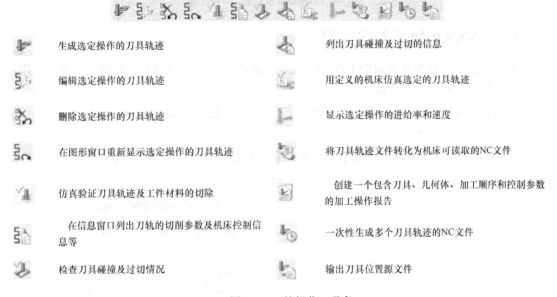

	生成选定操作的刀具轨迹		列出刀具碰撞及过切的信息
	编辑选定操作的刀具轨迹		用定义的机床仿真选定的刀具轨迹
	删除选定操作的刀具轨迹		显示选定操作的进给率和速度
	在图形窗口重新显示选定操作的刀具轨迹		将刀具轨迹文件转化为机床可读取的NC文件
	仿真验证刀具轨迹及工件材料的切除		创建一个包含刀具、几何体、加工顺序和控制参数的加工操作报告
	在信息窗口列出刀轨的切削参数及机床控制信息等		一次性生成多个刀具轨迹的NC文件
	检查刀具碰撞及过切情况		输出刀具位置源文件

图 1-8　刀轨操作工具条

1.2　NX8.0 数控加工的一般流程

UG NX8.0 能够虚拟完成数控加工的全部过程，其一般流程如图 1-9 所示。

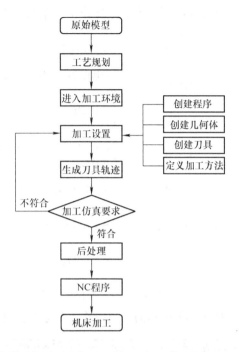

图 1-9　UG NX8.0 数控加工一般流程

1.3　NX8.0 加工入门实例

下面通过一个具体实例说明 UG NX8 加工的操作步骤，使读者对 NX 的加工环境、用户界面、操作流程有一个初步的认识。

1）进入 UG 软件，单击"打开"按钮 ，打开下载文件 sample/source/01/ksrm.prt，如图 1-10 所示。

2）单击"标准"工具栏中的【开始】→【加工】，按如图 1-11 所示设置"加工环境"对话框。单击 确定，系统进入 UG NX8.0 加工模块。

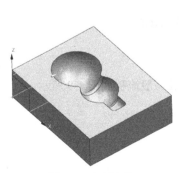

图 1-10　打开文件

图 1-11　加工环境初始化

3）单击"创建加工"工具条中的"创建程序"按钮 ，系统弹出如图 1-12 所示"创建程序"对话框，在 名称 文本框中输入程序名称为"cavity"，单击 确定 ，完成程序的创建。

4）单击"创建加工"工具条中的"创建刀具"按钮 ，系统弹出如图 1-13 所示"创建刀具"对话框，在刀具子类型中选择 按钮。在 名称 文本框中输入刀具名称为"D12R2"，单击 确定 ，系统弹出如图 1-14 所示"刀具参数"对话框。按图 1-14 所示，输入直径为"12"，下半径（底圆半径）为"2"，刀具长度为"60"，刀刃长度为"40"，刀具号、刀补均为"1"，其他为默认值，单击 确定 。

5）重复步骤 4，在刀具子类型中选择 ，刀具名称为 R4 的球头铣刀，按图 1-15 所示设置刀具相关参数。

图 1-12　"创建程序"对话框

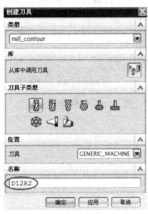

图 1-13　"创建刀具"对话框

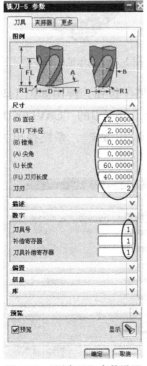

图 1-14　"圆鼻刀"参数设置

图 1-15　"球头铣刀"参数设置

6）单击"加工创建"工具条中的"创建几何体"按钮，系统弹出如图 1-16 所示对话框，单击"MCS"按钮，在**名称**文本框中输入"cavity_MCS"，单击 确定 。系统弹出如图 1-17 所示"MCS"对话框，单击"CSYS"按钮，在如图 1-18 所示浮动窗口中输入原点坐标（75，60，40），机床坐标系移至如图 1-19 所示工件上表面中心位置。

图 1-16　创建坐标系

图 1-17　"MCS"对话框

图 1-18　浮动窗口

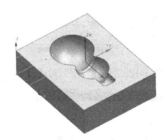

图 1-19　机床坐标系移动

7）继续单击"创建加工"工具条中的"创建几何体"按钮，弹出如图 1-20 所示"创建几何体"对话框，单击"WORKPIECE"按钮，选择下拉框中的"CAVITY_MCS"作为父级几何体，在**名称**文本框中输入"cavity_workpiece"，单击 确定 ，系统弹出如图 1-21 所示"工件"对话框。

图 1-20　"创建几何体"对话框

图 1-21　"工件"对话框

8）单击"指定部件"按钮，系统弹出如图 1-22 所示"部件几何体"对话框，单击选中界面中的实体，单击 确定 ；在"工件"对话框中单击"指定毛坯"按钮，系统弹出如图 1-23 所示"毛坯几何体"对话框，选择下拉框中的 包容块，按图示设置相应参数，单击 确定 。

图 1-22　创建部件几何体

图 1-23　"毛坯几何体"对话框

9）单击"创建加工"工具条中的"创建操作"按钮，系统弹出如图 1-24 所示对话框，按图中所示选择和设置类型、程序、几何体、名称等选项。单击 确定 ，系统弹出如图 1-25 所示"型腔铣"对话框，按图中所示设置切削模式、步距、每刀的公共深度等加工参数。

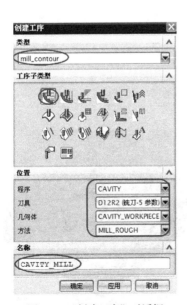

图 1-24　"创建工序"对话框

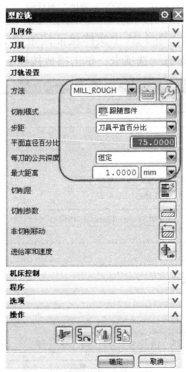

图 1-25　"型腔铣"对话框

10）单击"进给率和速度"按钮，按图 1-26 所示设置"主轴速度"为 2000r/min，切削速度为 200mm/min，单击 确定 。单击图 1-25 中的刀轨生成按钮 ，系统生成粗加工刀具轨迹，如图 1-27 所示。

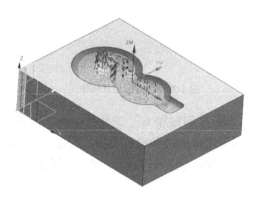

图 1-26 "进给率和速度"对话框　　　　　图 1-27 粗加工刀具轨迹

11）单击图 1-25 中实体验证按钮 ，系统弹出如图 1-28 所示"刀轨可视化"对话框。选择"2D 动态"选项卡，单击播放按钮 ，粗加工实体仿真效果如图 1-29 所示。

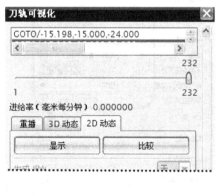

图 1-28 "刀轨可视化"对话框　　　　　图 1-29 粗加工实体仿真效果

12）单击"创建加工"工具条中的"创建操作"按钮 ，系统弹出如图 1-30 所示对话框，按图中所示选择和设置类型、程序、刀具、几何体、名称等选项。单击 确定 ，系统弹出如图 1-31 所示"固定轮廓铣"对话框。

图 1-30 "创建工序"对话框

图 1-31 "固定轮廓铣"对话框

13）单击"指定切削区域"按钮 ，系统弹出如图 1-32 所示"切削区域"对话框，按图 1-33 所示选取切削区域，单击 确定 。

图 1-32 "切削区域"对话框

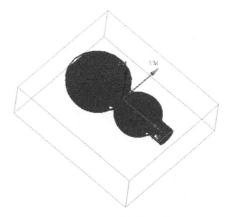

图 1-33 选取切削区域

14）在"固定轮廓铣"对话框中的"驱动方法"下拉框中选择"区域铣削"，按如图

1-34 所示设置切削参数。

15）单击"进给率和速度"按钮，在弹出的对话框中设置"主轴速度"为 3000r/min，"切削速度"为 500mm/min。

16）单击刀轨生成按钮，系统生成刀具轨迹，如图 1-35 所示，单击实体验证按钮，选择"2D 动态"选项卡，单击播放按钮，精加工实体仿真效果如图 1-36 所示。

图 1-34 设置精加工切削参数

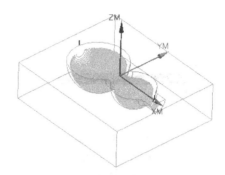

图 1-35 精加工刀具轨迹

图 1-36 精加工实体仿真效果

项目 2　UG CAM 基础知识

2

2.1　操作导航器

操作导航器是一种图形化的用户界面，用于管理当前部件的操作以及设置刀具、加工几何、加工方法等操作参数。进入加工环境后，单击资源条中的"操作导航器"按钮，弹出如图 2-1 所示"操作导航器"对话框。

操作导航器采用树形结构显示程序、刀具、几何体和加工方法等对象，以及它们的从属关系。

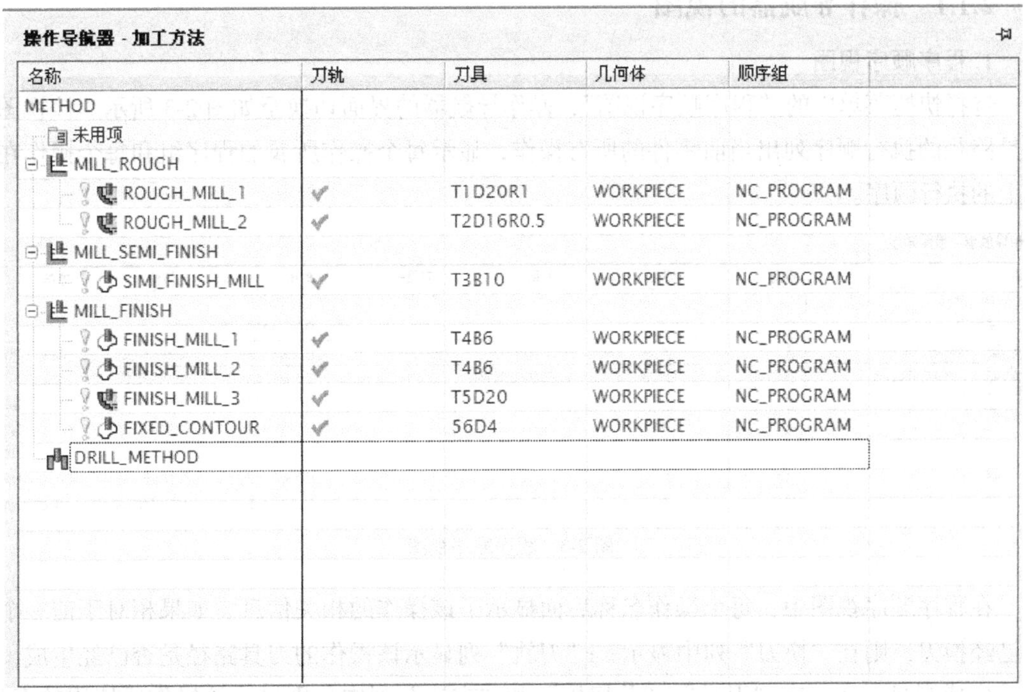

名称	刀轨	刀具	几何体	顺序组	
METHOD					
未用项					
MILL_ROUGH					
ROUGH_MILL_1	✔	T1D20R1	WORKPIECE	NC_PROGRAM	
ROUGH_MILL_2	✔	T2D16R0.5	WORKPIECE	NC_PROGRAM	
MILL_SEMI_FINISH					
SIMI_FINISH_MILL	✔	T3B10	WORKPIECE	NC_PROGRAM	
MILL_FINISH					
FINISH_MILL_1	✔	T4B6	WORKPIECE	NC_PROGRAM	
FINISH_MILL_2	✔	T4B6	WORKPIECE	NC_PROGRAM	
FINISH_MILL_3	✔	T5D20	WORKPIECE	NC_PROGRAM	
FIXED_CONTOUR	✔	56D4	WORKPIECE	NC_PROGRAM	
DRILL_METHOD					

操作导航器 - 加工方法

图 2-1　"操作导航器"对话框

右键单击操作导航器中的空白区域，系统会弹出如图 2-2 所示快捷菜单，用户可以通过此菜单选择显示视图的类型，分别为程序顺序视图、机床视图、几何视图和加工方法视图。用户可以在不同的视图类型下方便地设置相关参数，提高工作效率。

图 2-2 "操作导航器"快捷菜单

2.1.1 操作导航器的视图

1. 程序顺序视图

选择快捷菜单中的"程序顺序视图",操作导航器的界面切换至如图 2-3 所示。该视图按刀具路径的执行顺序列出当前零件的所有操作,显示每个操作所属的程序组和每个操作在机床上的执行顺序。

操作导航器 - 程序顺序

名称	换刀	刀轨	刀具	刀具号	时间	几何体	方法
NC_PROGRAM					01:59:35		
未用项					00:00:00		
ROUGH_MILL_1		✓	T1D20R1	1	00:28:03	WORKPIECE	MILL_ROUGH
ROUGH_MILL_2		✓	T2D16R0.5	2	00:09:44	WORKPIECE	MILL_ROUGH
SIMI_FINISH_MILL		✓	T3810	3	00:08:22	WORKPIECE	MILL_SEMI_FI...
FINISH_MILL_1		✓	T4B6	4	00:39:07	WORKPIECE	MILL_FINISH
FINISH_MILL_2		✓	T4B6	4	00:31:23	WORKPIECE	MILL_FINISH
FINISH_MILL_3		✓	T5D20	5	00:01:28	WORKPIECE	MILL_FINISH
FIXED_CONTOUR		✓	56D4	6	00:00:16	WORKPIECE	MILL_FINISH

图 2-3 程序顺序视图

在程序顺序视图中,每个操作名称后面显示了该操作的相关信息。如果相对于前一个操作已经换刀,则在"换刀"列中显示 ▮;"刀轨"列显示该操作的刀具路径是否已经生成,如果已生成则显示 ✓;在"刀具"、"几何体"和"方法"列中分别显示该操作所使用的刀具、加工几何和加工方法的名称。

2. 机床视图

选择快捷菜单中的"机床视图",操作导航器的界面切换至如图 2-4 所示,该视图用切削刀具来组织各个操作,列出了当前零件中存在的各种刀具以及使用这些刀具的操作名称。

操作导航器 - 机床

名称	刀轨	刀具	描述	刀具号	几何体	方法	顺序组
GENERIC_MACHINE			通用机床				
未用项			mill_contour				
T1D20R1			Milling Tool-5 Paramet...	1			
ROUGH_MILL_1	✓	T1D20R1	CAVITY_MILL	1	WORKPIECE	MILL_ROUGH	NC_PROGRAM
T2D16R0.5			Milling Tool-5 Paramet...	2			
ROUGH_MILL_2	✓	T2D16R0.5	CAVITY_MILL	2	WORKPIECE	MILL_ROUGH	NC_PROGRAM
T3B10			Milling Tool-Ball Mill	3			
SIMI_FINISH_MILL	✓	T3B10	FIXED_CONTOUR	3	WORKPIECE	MILL_SEMI_FI...	NC_PROGRAM
T4B6			Milling Tool-Ball Mill	4			
FINISH_MILL_1	✓	T4B6	FIXED_CONTOUR	4	WORKPIECE	MILL_FINISH	NC_PROGRAM
FINISH_MILL_2	✓	T4B6	FIXED_CONTOUR	4	WORKPIECE	MILL_FINISH	NC_PROGRAM
T5D20			Milling Tool-5 Paramet...	5			
FINISH_MILL_3	✓	T5D20	CAVITY_MILL	5	WORKPIECE	MILL_FINISH	NC_PROGRAM
56D4			Milling Tool-5 Paramet...	6			
FIXED_CONTOUR	✓	56D4	FIXED_CONTOUR	6	WORKPIECE	MILL_FINISH	NC_PROGRAM

图 2-4　机床视图

在刀具视图中，"描述"列显示当前刀具和操作的描述信息，"刀具号"列显示当前的刀具号；"顺序组"列显示该操作所属程序组，其他列与"程序顺序视图"相同。

3. 几何视图

选择快捷菜单中的"几何视图"，操作导航器中界面切换至如图 2-5 所示，该视图列出了当前零件中存在的几何组和坐标系，以及使用这些几何组和坐标系的操作名称。

操作导航器 - 几何

名称	刀轨	刀具	几何体	方法
GEOMETRY				
未用项				
MCS				
WORKPIECE				
ROUGH_MILL_1	✓	T1D20R1	WORKPIECE	MILL_ROUGH
ROUGH_MILL_2	✓	T2D16R0.5	WORKPIECE	MILL_ROUGH
SIMI_FINISH_MILL	✓	T3B10	WORKPIECE	MILL_SEMI_FI...
FINISH_MILL_1	✓	T4B6	WORKPIECE	MILL_FINISH
FINISH_MILL_2	✓	T4B6	WORKPIECE	MILL_FINISH
FINISH_MILL_3	✓	T5D20	WORKPIECE	MILL_FINISH
FIXED_CONTOUR	✓	56D4	WORKPIECE	MILL_FINISH

图 2-5　几何视图

4. 加工方法视图

选择快捷菜单中的"加工方法视图"，操作导航器的界面切换至如图 2-6 所示，该视图列出当前零件中存在的加工方法，以及使用这些加工方法的操作名称。

操作导航器 - 加工方法

名称	刀轨	刀具	几何体	顺序组
METHOD				
未用项				
MILL_ROUGH				
ROUGH_MILL_1	✓	T1D20R1	WORKPIECE	NC_PROGRAM
ROUGH_MILL_2	✓	T2D16R0.5	WORKPIECE	NC_PROGRAM
MILL_SEMI_FINISH				
SIMI_FINISH_MILL	✓	T3B10	WORKPIECE	NC_PROGRAM
MILL_FINISH				
FINISH_MILL_1	✓	T4B6	WORKPIECE	NC_PROGRAM
FINISH_MILL_2	✓	T4B6	WORKPIECE	NC_PROGRAM
FINISH_MILL_3	✓	T5D20	WORKPIECE	NC_PROGRAM
FIXED_CONTOUR	✓	56D4	WORKPIECE	NC_PROGRAM
DRILL_METHOD				

图 2-6　加工方法视图

2.1.2 编辑操作对象

右键单击操作导航器中的任一对象，系统弹出如图 2-7 所示"编辑操作对象"快捷菜单。选中的对象不同，对象菜单栏内的包含项目也不尽相同。下面重点对菜单中的对象和刀轨功能进行简要的说明。

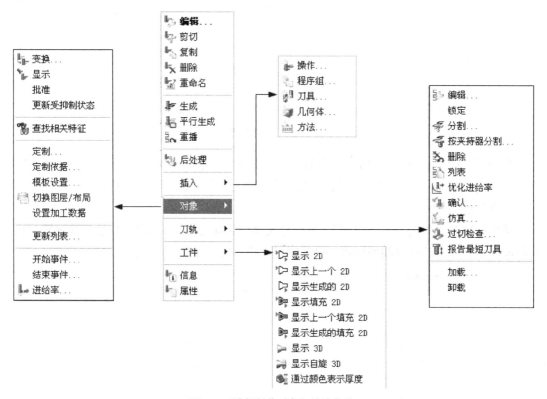

图 2-7 "编辑操作对象"快捷菜单

1. "对象"子菜单

（1）变换 单击【对象】→【变换】，系统弹出如图 2-8 所示"变换"对话框，"变换"命令用于编辑操作和刀具路径，可以对刀具路径进行移动、复制等，并保持与原来的操作关联。

该命令能平移、比例缩放、绕一点旋转、绕直线旋转、镜像、阵列、重定位选中的刀具轨迹。如图 2-9a 所示为原始刀具轨迹；图 2-9b 所示为原刀具轨迹沿 X 方向平移（"结果"为

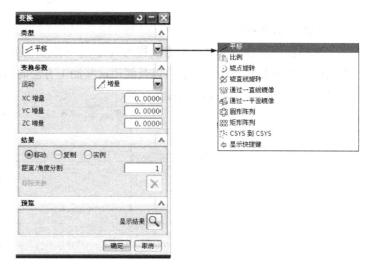

图 2-8 "变换"对话框

复制，下同）–150 后的轨迹；图 2-9c 所示为以 *A* 点为参考点，放大两倍后的刀具轨迹；图 2-9d 所示为绕 *A* 点旋转 180° 后的刀具轨迹；图 2-9e 所示为沿工件左侧面镜像的刀具轨迹；图 2-9f 所示为以 *A* 点为参考点和原点矩形阵列后的轨迹。

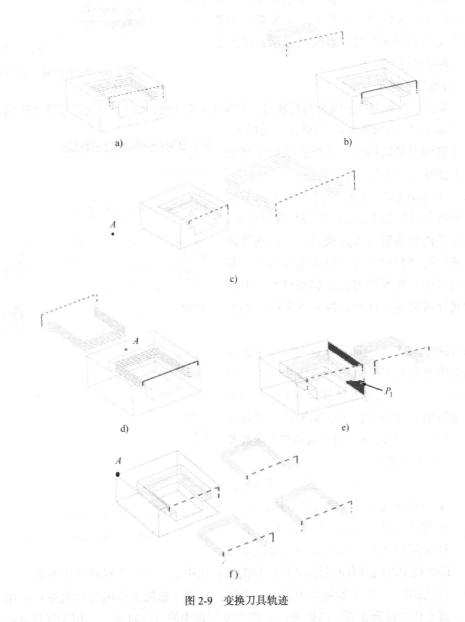

图 2-9　变换刀具轨迹

（2）显示　该命令用于高亮显示当前选定的操作或者几何体群中的几何体，如零件、切除区域等。如果待检的几何体在刀具轨迹产生过程中没能找到，那么使用该选项可以找到该几何体，从而可以发现没有按预期进行处理的几何体。

（3）定制　该命令用于在高亮显示的对话框中指定参数，如文本框字数、菜单和按钮等。

（4）模板设置　模板是 CAM 零件文件中的一个操作，而零件文件中可以包含很多操作，模板命令用于决定将哪个操作作为模板。单击该命令，系统弹出如图 2-10 所示"模板设置"对话框，该对话框有两个复选框，勾选"可将对象用作模板"复选框时，高亮显示的操作都可以作为一个模板；勾选"如果创建了父项则创建"时，若高亮显示的操作定义一个父项，则该父项为模板。

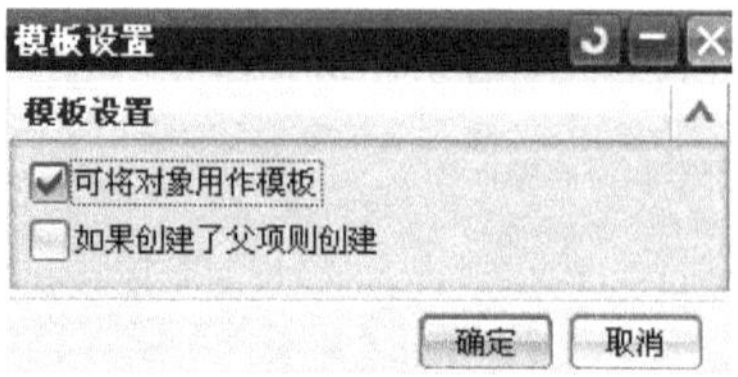

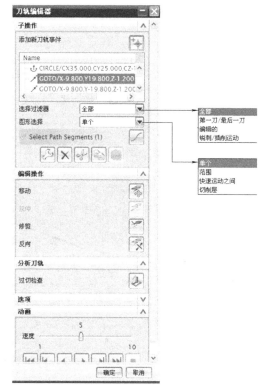

图 2-10　"模板设置"对话框

2."刀轨"子菜单

（1）编辑　该命令用于编辑刀具轨迹，如果刀具轨迹已经产生，选择该命令时将弹出如图 2-11 所示的"刀轨编辑器"对话框，当插入、编辑以及删除刀具轨迹时，系统会及时地将变化显示于绘图区内的刀具轨迹上。

1）刀具轨迹信息列表。列表中显示所有的刀具轨迹命令以及选择要编辑的刀具轨迹命令，单击信息栏内要编辑的刀具轨迹后，所选择的刀具轨迹以高亮显示于刀具轨迹的窗口中，并可在绘图区中直接看到刀具的移动操作。刀具轨迹的选择可以逐一选择，也可以多段一起选择。

2）选择过滤器。全部：该选项可用于选择信息列表中的所有刀具轨迹中的任意区段；第一刀 / 最后一刀：仅可选择延伸范围的刀具轨迹区段；编辑的：仅用于选择已编辑过的刀具轨迹区段；锐刺 / 插削运动：用于选择符合隆起及陷下条件的刀具轨迹区段。

3）图形选择。单个：逐一选中刀具轨迹，也可按住 Shift 键连续选择多段刀具轨迹；范围：指定起始段和终止段，选中它们之间的所有刀具轨迹；快速运动之间：单击某一快速运动刀具轨迹，即可选中其间所有的刀具轨迹；切削层：选中某一层中所有的刀具轨迹。

图 2-11　"刀轨编辑器"对话框

4）刀轨编辑。 用于编辑选中的刀具路径， 用于删除选中的刀具轨迹； 用于剪切要复制、改变位置或删除的刀具轨迹； 用于复制选中的刀具轨迹； 用于在选定的位置粘贴刀具轨迹。

5）编辑操作。"移动"用于将已存在的刀位点移动到任何位置；"延伸"仅能应用于 Zig 或 Zig-Zag Surface 作为切削形式的三轴连续曲面加工，用于对此类刀具轨迹进行线型或圆形切线延伸；"修剪"用于修剪指定区域内的刀具轨迹；"反向"用于反转刀具轨迹的方向，反转操作后，新产生的刀具轨迹的进刀与提刀互换、起始点与回归点互换。

（2）锁定　锁定选中的刀轨，防止无意间被覆盖。

（3）分割　将现有操作分割成为两个或两个以上的操作，每个操作受限于最大切削时间或轨迹移动长度。

（4）列表　列表显示一个信息窗口，其中包含转向点、机床控制信息、进给率等。

（5）确认　对刀具轨迹进行实体化验证，从而进一步可视化检查刀具轨迹及材料的移除情况。

（6）仿真　如果部件包含机床的运动模型，可使用此选项在切削过程中模拟机床的运动。

（7）过切检查　对操作导航器中高亮的操作进行过切检查。

（8）加载　当列出、回放或生成刀具轨迹时，此命令将选定刀具轨迹添加到内存中。一经加载，此刀具轨迹在工作会话中会保持加载状态，这样，以后每次列出、重播或生成刀具轨迹时，其响应时间就会缩短。

（9）卸载　此命令将选定的内部刀具轨迹从内存中移除，从而达到释放空间的目的。

2.2　创建程序

程序主要用于排列各种加工操作的次序，并可方便地对各个加工操作进行管理，某种程度上相当于一个文件夹。例如，一个复杂零件的所有加工操作需要在不同的机床上完成，将在同一台机床的所有加工操作放置在同一程序组，就可以直接选取这些操作所在的父节点程序组进行后处理。

单击"创建加工"工具条中的"创建程序"按钮，弹出如图 2-12 所示"创建程序"对话框。用户可选择相应的类型和程序，并在名称文本框中输入程序名。

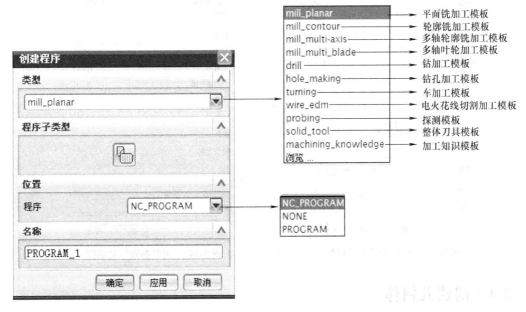

图 2-12　"创建程序"对话框

2.3 创建刀具

在创建加工操作前，必须设置合理的刀具参数或从刀具库中选取合适的刀具。刀具的选用直接关系到加工表面质量、加工精度以及加工成本。

单击"加工创建"工具条中的"创建刀具"按钮，系统弹出如图 2-13 所示对话框。在"类型"下拉框中选择平面铣、型腔铣、孔加工和车削等，根据类型的不同可供选择的刀具子类型也不同。"库"：单击，可以从系统的刀具库中调用刀具。"刀具子类型"：针对不同的加工方式，可选择铣刀、车刀和外头等。"名称"：创建刀具的名称。

单击"刀具子类型"中的立铣刀按钮，单击 确定，系统弹出如图 2-14 所示"刀具参数"对话框，可对刀具直径、长度、刀具号、刀具补偿号、刀具材料等进行编辑与选择。

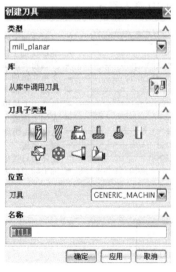

图 2-13 "创建刀具"对话框

图 2-14 "刀具参数"对话框

2.4 创建几何体

创建几何体主要是定义要加工的几何对象和指定零件几何体在数控机床上的机床坐标

系，几何体可以是在操作之前定义，也可以在创建操作过程中进行指定。其区别是在操作之前定义的加工几何体可以被多个操作使用，在创建操作过程中指定的几何体只能被该操作使用。

单击"创建加工"工具条中的"创建几何体"按钮 ▦，系统弹出如图 2-15 所示"创建几何体"对话框。

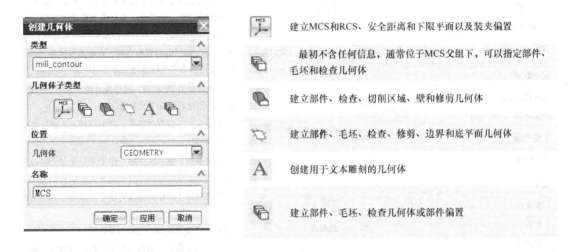

图 2-15　"创建几何体"对话框及说明

2.4.1　创建加工坐标系

在创建加工操作前，应首先创建加工坐标系，加工坐标系 MCS 是所有后续刀具轨迹输出点的基准位置。如果移动 MCS，则可为后续刀具轨迹输出点重新建立基准位置，在系统初始化的时候，加工坐标系 MCS 定位在绝对坐标系 ACS 上，同时导航器的几何体视图中会自动创建一个加工坐标系结点 MCS_MILL，如图 2-16 所示为"MCS"对话框及说明。

单击坐标构造器按钮 ▦，系统弹出如图 2-17 所示"坐标系构造器"对话框，用户可选用下拉框中适用的坐标系构建方式创建新的坐标系。

单击"安全设置选项"下拉框对应的箭头，系统弹出如图 2-18 所示"创建安全平面"对话框。其中最为常用的安全平面创建方法为使用继承的：继承先前的安全平面作为当前操作的安全平面；"无"：不进行安全设置；"自动平面"：自动找到毛坯几何体 Z 向的最上端位置，按文本框中的安全距离来生成安全平面；"平面"：选中此选项，可使用"平面构造器"创建安全平面。

指定 MCS	单击此处的 ![]按钮可以创建新的机床坐标系，刀具轨迹中所有点的数据都是根据机床坐标系生成的。在一个零件的加工工艺中，可能会创建多个机床坐标系，系统默认的机床坐标系定位在绝对坐标系上
细节	将坐标系指定为主坐标系或局部坐标系，在某些类型的编程中，需要在主坐标系下创建局部坐标系
链接 RCS 与 MCS	勾选该复选框，使参考坐标系 RCS 与机床坐标系 MCS 处于相同的位置和方向。在取消勾选的情况下，才可将参考坐标系指定为其他位置
指定 RCS	单击此处的 ![]按钮，使用弹出的"坐标系构造器"，创建新的参考坐标系
安全设置选项	单击对应下拉框的箭头，选中一种方式进行安全平面设置
安全距离	在文本框中输入距离值，用于表示安全平面的高度位置
下限选项	单击对应下拉框的箭头，指定刀具最低达到的范围
出发点	新刀具轨迹开始处的起始刀具位置
起点	为可用于避让几何体或装夹组件的起始序列指定一个刀具位置
返回点	刀具在切削序列末尾处离开工件的距离
回零点	指定刀具切削结束时的最终位置

图 2-16 "MCS"对话框及说明

图 2-17 "坐标系构造器"对话框

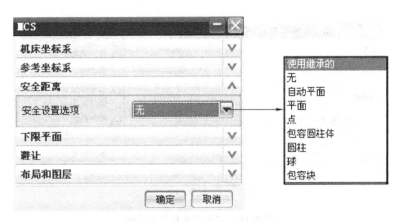

图 2-18 "创建安全平面"对话框

2.4.2 创建工件几何体

几何体通过选定的体、面、曲线或曲面区域定义部件、毛坯和检查几何体。另外，还可定义部件偏置、部件材料，并保存当前显示的布局和图层。

单击"创建几何体"对话框中的"创建工件"按钮 📑，选择父节点并输入适当的名称，单击 **确定**，系统弹出如图 2-19 所示"工件"对话框。

1. 部件几何体

单击"指定部件"按钮 📦，系统弹出如图 2-20 所示"部件几何体"对话框。此对话框可以定义加工完成后的零件，即最终零件，它可以控制刀具的切削深度和活动范围，用户可以通过选择特征、几何体（体、面、曲线）和小平面模型来定义部件几何体。

图 2-19 "工件"对话框

图 2-20 "部件几何体"对话框

2. 毛坯几何件

单击"指定毛坯"按钮 🔷，系统弹出如图 2-21 所示"毛坯几何体"对话框。此对话框用以定义将要加工的毛坯形状，可以用特征、几何体（体、面、曲线等）、小平面、自动块和偏置部件几何体来定义毛坯几何体。

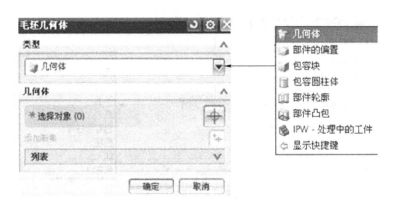

图 2-21 "毛坯几何体"对话框

3. 检查几何体

单击"指定检查"按钮,在弹出的"检查几何体"对话框(类似于"部件几何体"对话框)中可以定义刀具在切削过程中要避让的几何体,如夹具和其他已加工过的重要表面。

4. 部件偏置

"部件偏置"文本框用于设置零件实体模型上增加或减去指定的厚度值。若数值为"正",在零件上增加指定的厚度,若为"负",则在零件上减去指定的厚度。

5. 材料

单击 🚣,用户可在系统弹出的对话框中列出材料数据库中所有的材料类型,材料数据库由配置文件指定。选择合适的材料后,单击"确定"按钮,则为当前创建的铣削几何体指定材料属性。

2.4.3 创建铣削区域几何体

铣削区域几何体除了可以指定部件、检查几何体外,还可以指定切削区域、壁和修剪边界等,可以更精确地定义加工区域,一般可用于区域铣和固定轮廓铣中。

单击"创建几何体"对话框中的"铣削区域"按钮 🔧,选择父结点并输入适当的名称,单击**确定**,系统弹出如图 2-22 所示"铣削区域"对话框。

1. 指定铣削区域

单击"指定切削区域"按钮 🔧,通过选择曲面区域、片体来定义加工区域,一般适用于区域铣驱动方法和各类曲面精加工方法。

2. 指定修剪边界

单击"指定修剪边界"按钮 🔯,可进一步控制需要加工的区域,系统按照给定的边界修剪刀具轨迹。

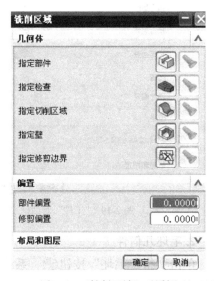

图 2-22 "铣削区域"对话框

2.5　创建加工方法

在零件加工过程中，为保证加工精度，往往需要经过粗加工、半精加工、精加工几个步骤，而它们的主要差异在于加工后残留在工件上余料的多少及表面粗糙度。加工方法可以通过对加工余量、几何体的内（外）公差、切削步距和进给速度等选项的设置，控制表面残余量。

1. 创建加工方法

单击"创建几何体"对话框中的"创建方法"按钮，弹出如图 2-23 所示"创建方法"对话框。"类型"下拉框中可选择铣削、车削、钻削、电火花等加工方法，用户可根据需要选择不同的加工方式；"方法"下拉框中显示加工方法视图中当前已存在的节点，可选择其一作为新节点的父节点。在"名称"文本框中，系统自动产生一个加工方法名称，也可以根据需要输入更直观、更便于区别的加工方法名称。

2. 定义加工方法

在"创建方法"对话框中选择类型、方法，输入加工方法名后单击**确定**，系统弹出如图 2-24 所示"铣削方法"对话框。

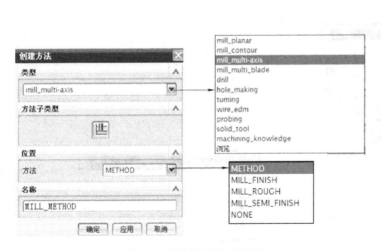

图 2-23　"创建方法"对话框　　　　　　　　图 2-24　"铣削方法"对话框

"部件余量"：加工后要留在部件上的材料量。"内公差"：用来限制刀具越过曲面的最大距离。"外公差"：限制刀具在切削过程中没有切至零件表面的最大距离，指定值越小，加工精度越高。

2.6　创建操作

根据零件加工要求建立程序、几何体、刀具、加工方法后，即可建立加工操作。另外，在没有建立程序、几何体、刀具的加工方法的情况下，也可通过系统默认对象创建加工操作，待进入操作对话框后再对几何体、刀具和加工方法进行指定。

1. 操作的概念

操作是 UG 数控加工中的重要概念。从数据的角度看，它是一个数据集，包含一个单一的刀具路径以及生成这个刀具轨迹所需要的所有信息。操作中包含所有用于产生刀具轨迹的信息，如几何体、刀具、加工余量、进给量、切削深度和进、退刀方式等。创建一个操作相当于产生一个工步。

UG 数控加工的主要工作就是创建一系列各种各样的操作，比如平面铣操作、型腔铣操作、曲面轮廓铣操作、钻孔加工操作等。

2. 操作的创建

单击"加工创建"工具条中的"创建操作"按钮 ，系统弹出如图 2-25 所示"创建操作"对话框。"类型"下拉框列表中可选择合适的操作模板类型；"操作子类型"中选择与待加工项目相适应的操作方法；"位置"组合框中设置操作的程序、刀具、几何体、方法等父节点组；"名称"文本框中输入新建操作的名称。

单击"创建操作"对话框中的"确定"按钮，系统根据操作类型弹出相应的"操作"对话框，用户可以设定相应的操作参数。例如型腔铣削操作中，会弹出如图 2-26 所示"型腔铣"对话框。用户设置好相关加工操作后，单击对话框中的"生成" 按钮，便可生成刀具轨迹。单击"确定"按钮，在操作导航器中所选的程序父节点下创建了指定名称的操作。

图 2-25　"创建操作"对话框

图 2-26　"型腔铣"对话框

项目 3　平面铣加工

3

平面铣加工可以创建去除平面层中的材料量的刀具轨迹。平面铣加工可用于粗加工，为后续精加工操作做准备，也可以用于零件的表平面以及垂直于底平面的侧平面的精加工。平面铣既可以针对三维实体生成刀具轨迹，也可以依据二维图形生成刀具轨迹。

平面铣是一种 2.5 轴的加工方式，它在加工过程中产生在水平方向的 X、Y 两轴联动，而在 Z 轴方向只在完成一层加工，进入下一层时才单独进行动作。通过设置不同的切削方法，平面铣可以完成铣槽或者轮廓外形加工。

本项目详细介绍了平面铣所包含的加工方式，并选用部分加工方式完成对整个综合实例的加工。本项目包含的主要知识点有：

- ➢ 平面铣几何体的创建。
- ➢ 平面铣子类型。
- ➢ 表面区域铣。
- ➢ 表面铣。
- ➢ 手工表面铣。
- ➢ 平面铣。
- ➢ 清角加工。
- ➢ 侧壁精加工。
- ➢ 底面精加工。
- ➢ 文字雕刻。
- ➢ 后置处理。

3.1　项目描述

打开下载文件 sample/source/03/pmxjg.prt，完成如图 3-1 所示的零件平面铣削及侧平面的文字雕刻，已知毛坯尺寸为 200mm × 200mm × 40mm，零件材料为 45 钢。

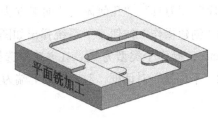

图 3-1　平面铣加工

3.2 项目分析

1. 加工方案

本项目需加工的区域为侧面文字和上表面的三组底面及与之垂直的侧壁，工件需分两次装夹，因此需建立两个加工坐标系。

文字雕刻可选用直径较小的球头刀；加工底面及侧面时，可先选用直径相对较大的刀具进行粗加工，以达到快速去除大部分余量的目的，再用直径较小的刀具进行清根加工，最后再进行底平面和侧平面的精加工。

2. 刀具及切削用量的选取

由于零件材料为 45 钢，可选用高速钢或硬质合金刀具。本例刀具及切削用量选用见表 3-1。

表 3-1　平面铣加工所用刀具及切削用量

加 工 工 序		刀具与切削参数				
序号	加工内容	刀 具 规 格			主轴转速 /(r/min)	进给率 /(mm/min)	最大切削深度 /mm
		刀号	刀具名称	材料			
1	侧面文字雕刻	T1	ϕ 4 球头刀	硬质合金	2000	60	0.3
2	平面粗铣	T2	ϕ 20 立铣刀	高速钢	600	100	2
3	清角加工	T3	ϕ 10 立铣刀	高速钢	1000	80	2
4	轮廓精加工	T4	ϕ 10 立铣刀	硬质合金	2000	80	0.5
5	底平面精加工	T4	ϕ 10 立铣刀	硬质合金	2000	80	0.5

3. 项目难点

➤ 加工坐标系的创建与转换。
➤ 平面铣子类型的功能与区别。
➤ 选用合适的加工方式、工艺路线完成零件的加工。

3.3 平面铣加工实例

3.3.1 加工几何体

打开一个部件文件，单击标准工具栏中的【开始】→【加工】，在弹出的"加工环境"对话框中，CAM 会话配置选择 cam_general，要创建的 CAM 设置选择 mill_planar，单击 确定 进入加工界面。

按项目 2 所述完成"程序"、"刀具"、"几何体"、"加工方法"等父组节点的创建后，单击"创建加工"工具条中的"创建操作"按钮 ，系统弹出如图 3-2 所示"创建操作"对话框。选择加工类型为 mill_planar，操作子类型为 ，在 位置 中选择设置好的父组节点，单击 确定 ，系统进入图 3-3 所示"平面铣"对话框，对话框最上端为几何体选项。

图 3-2 创建"平面铣"操作

图 3-3 平面铣几何体选项

1. 几何体选项说明

"平面铣"几何体包含指定部件边界、指定毛坯边界、指定检查边界、指定修剪边界、指定底面选项，各选项的具体说明见表 3-2。

表 3-2 平面铣加工几何体选项

名称	图标	说明
几何体下拉框	WORKPIECE ▼	选择此操作要继承的父组几何体
新建几何体		为此操作创建新的几何体，并将之放在操作导航器的几何体视图中供其他操作使用
编辑几何体		编辑此操作继承的父组几何体
指定部件边界		指定平面铣的加工区域，可通过面、曲线、边界和点来选取和确定
指定毛坯边界		指定要进行切削的材料边界，可通过面、曲线、边界和点来选取和确定
指定检查边界		指定不允许切削的部位，如夹具或其他需避免加工的区域
指定修剪边界		指定整个刀具轨迹切削范围内不希望被切削的区域，即用边界对已有刀具轨迹进行修剪
指定底面		指定平面铣削的最大深度
显示		高亮显示要验证选择的选中几何体，当其显示为灰色时，表示尚未指定几何体

2. 边界几何体对话框

当指定部件、毛坯、检查、修剪、检查边界时，系统弹出如图 3-4 所示"边界几何体"对话框。

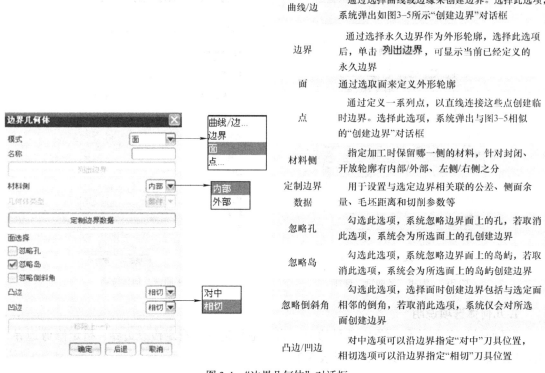

曲线/边	通过选择曲线或边缘来创建边界。选择此选项，系统弹出如图3-5所示"创建边界"对话框
边界	通过选择永久边界作为外形轮廓，选择此选项后，单击 列出边界，可显示当前已经定义的永久边界
面	通过选取面来定义外形轮廓
点	通过定义一系列点，以直线连接这些点创建临时边界。选择此选项，系统弹出与图3-5相似的"创建边界"对话框
材料侧	指定加工时保留哪一侧的材料，针对封闭、开放轮廓有内部/外部、左侧/右侧之分
定制边界数据	用于设置与选定边界相关联的公差、侧面余量、毛坯距离和切削参数等
忽略孔	勾选此选项，系统忽略边界面上的孔，若取消此选项，系统会为所选面上的孔创建边界
忽略岛	勾选此选项，系统忽略边界面上的岛屿，若取消此选项，系统会为所选面上的岛屿创建边界
忽略倒斜角	勾选此选项，选择面时创建边界包括与选定面相邻的倒角，若取消此选项，系统仅会对所选面创建边界
凸边/凹边	对中选项可以沿边界指定"对中"刀具位置，相切选项可以沿边界指定"相切"刀具位置

图 3-4 "边界几何体"对话框

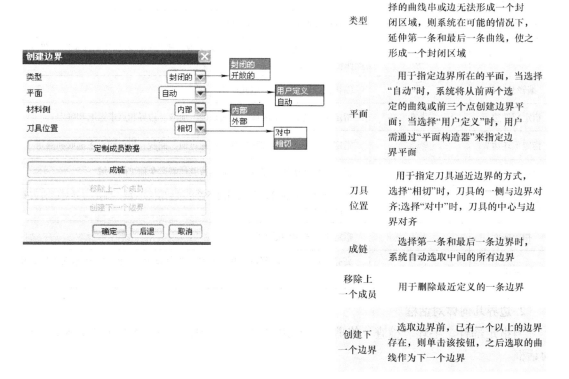

类型	当类型设置为"封闭的"时，若选择的曲线串或边无法形成一个封闭区域，则系统在可能的情况下，延伸第一条和最后一条曲线，使之形成一个封闭区域
平面	用于指定边界所在的平面，当选择"自动"时，系统将从前两个选定的曲线或前三个点创建边界平面；当选择"用户定义"时，用户需通过"平面构造器"来指定边界平面
刀具位置	用于指定刀具逼近边界的方式，选择"相切"时，刀具的一侧与边界对齐；选择"对中"时，刀具的中心与边界对齐
成链	选择第一条和最后一条边界时，系统自动选取中间的所有边界
移除上一个成员	用于删除最近定义的一条边界
创建下一个边界	选取边界前，已有一个以上的边界存在，则单击该按钮，之后选取的曲线作为下一个边界

图 3-5 "创建边界"对话框

3. 检查边界与修剪边界

在生成刀具轨迹时，若想要某些区域不被切削，可用检查边界或修剪边界将这部分刀具轨迹去除。加工如图 3-6a 所示零件时，左右有两块压板需要避让，将之设置为检查边界后生成刀具轨迹，如图 3-6b 所示；加工如图 3-7a 所示零件时，按图示设置修剪边界后，生成刀具轨迹，如图 3-7b 所示。

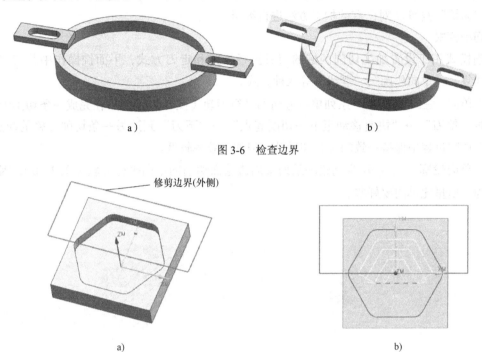

图 3-6　检查边界

图 3-7　修剪边界

3.3.2　刀轨设置

刀轨设置是创建操作中的一个重要环节，刀轨参数设置将直接影响到工件的加工质量与加工效率。平面铣操作的刀轨设置（图 3-8）主要包括加工"方法"、"切削模式"的选择，"步距"、"切削层"、"切削参数"、"非切削移动"、"进给率和速度"的设置。

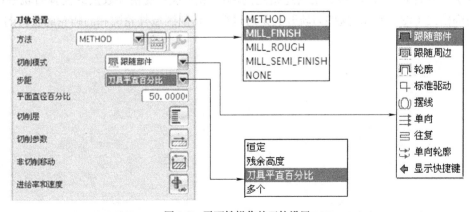

图 3-8　平面铣操作的刀轨设置

1. 方法

在产品加工过程中，为保证加工精度和质量，通常将粗、精加工分开。粗加工、半精加工和精加工的工艺参数各不相同，通过一定的方法可以方便实现。系统初始化时，操作导航器的加工方法视图自动生成 METHOD、MILL_FINISH、MILL_ROUGH、MILL_SEMI_FINISH、NONE 五个加工方法组。用户既可通过单击"新建"按钮▦为操作创建新的方法组，也可通过单击"编辑"按钮🔧对已有的加工方法进行编辑。

2. 切削模式

切削模式用于设置加工切削区域的刀具路径模式和走刀方式，平面铣操作中共有"单向"、"往复"、"单向轮廓"、"摆线"等八种方式。

（1）单向　≡单向产生一系列单一方向的平行刀轨（图 3-9），刀具在完成一条切削刀路后，通过"抬刀"→"快速移动至下一切削起点"→"下刀"到达另一条切削刀路的起点，此方式在切削过程中保持一致的顺铣和逆铣，但加工效率较低。

（2）单向轮廓　⇆单向轮廓创建一系列带周边壁面切削的单向平行刀轨（图 3-10），因此壁面的加工质量比单向要好些。

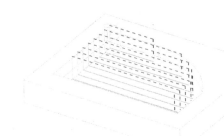 

图 3-9　"单向"切削刀轨　　　　　　　图 3-10　"单向轮廓"切削刀轨

（3）往复　≡往复创建一系列来回的平行刀轨（图 3-11），这种切削模式可以实现刀具在步距间连续地进刀，效率比单向切削高。但刀具会交替进行"顺铣"和"逆铣"切削，对刀具损伤较大。

（4）跟随部件　▥跟随部件是通过指定的部件几何体形成相等数量的偏置刀轨来创建刀路的切削模式（图 3-12），这些刀轨开关是通过偏置切削区域外轮廓和岛屿轮廓获得的。

图 3-11　"往复"切削刀轨　　　　　　　图 3-12　"跟随部件"切削刀轨

（5）跟随周边 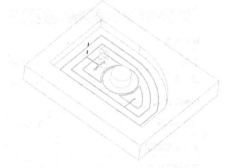创建一系列同心封闭的环形刀轨（图 3-13），这些刀轨是通过偏置切削区的轮廓获得的。

（6）摆线 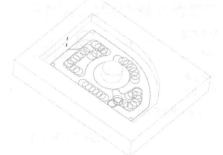采用滚动切削方式生成刀轨（图 3-14），大多数切削方式会在岛屿间的狭窄区域产生吃刀过大现象，采用此方式可以避免因吃刀量大导致的断刀现象。

图 3-13 "跟随周边"切削刀轨　　　　　图 3-14 "摆线"切削刀轨

（7）轮廓 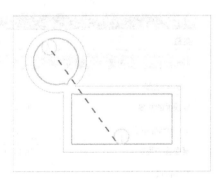创建单一或指定数量的绕切削区轮廓的刀轨（图 3-15），其目的是实现对侧面的精加工。

（8）标准驱动 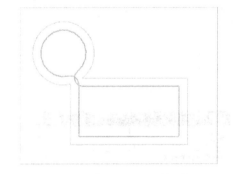类似于"轮廓"切削方法（图 3-16），与轮廓切削方法的不同之处在于，标准驱动生成的刀轨允许自我交叉。标准驱动时，系统不检查过切。

图 3-15 "轮廓"切削刀轨　　　　　图 3-16 "标准驱动"切削刀轨

3. 步距

步距是指切削刀轨之间的距离。系统提供了"恒定"、"残余高度"、"刀具平直百分比"、"多个"四个选项。

1）"恒定"是通过输入固定的数值来指定相邻刀轨之间的距离。

2）"残余高度"通过指定两刀轨之间残留材料的高度，系统将计算达到此残余高度所需的步距。

3）"刀具平直百分比"通过刀具直径的百分比来指定固定的步距。

4）"多个"用于"单向"、"往复"、"单向轮廓"切削模式，此选项建立一个允许的范围值，系统将使用该范围来确定步距大小，这些步距可以将平行于单向和回转刀路的壁面间的距离均匀分割，同时系统还将调整步距，以保证刀具始终沿着壁面进行切削而不会剩余多余材料。

4. 切削层

用于指定平面铣每个切削层的深度。单击"切削层"按钮，系统弹出如图 3-17 所示对话框。

图 3-17 "切削层"对话框

（1）恒定　如图 3-17a 所示，用于分层多刀切削，输入一个固定深度值，除最后一层可能小于最大深度值外，其余各层均按照此深度值进行切削。

（2）仅底部面　如图 3-17b 所示，刀具直接深入到底平面进行切削。

（3）用户定义　如图 3-17c 所示，其中"公共"：指初始层与最终层之间允许的最大切削深度；"最小值"：指初始层与最终层之间允许的最小切削深度；"离顶面的距离"：指第一刀切削（初始层）的切削深度；"离底面的距离"：指最后一刀切削（最终层）的切削深度。

（4）底面及临界深度　在底平面生成单个切削层刀轨，接着在每个岛顶部生成一个清理刀轨（图 3-18），清理刀轨仅限于每个岛的顶面，且不会切削岛边界的外侧。

（5）临界深度 在底平面及岛屿的顶面生成刀轨，与"底面及临界深度"不同之处在于，每一层的刀轨都覆盖整个毛坯断面，如图 3-19 所示。

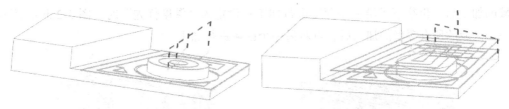

图 3-18 "底面及临界深度"切削刀轨 图 3-19 "临界深度"切削刀轨

5. 切削参数

用于设置操作的切削参数，单击切削参数按钮，系统弹出"切削参数"对话框，它共有"策略"、"余量"、"拐角"、"连接"、"空间范围"、"更多"六个选项卡。

（1）策略 "切削参数"对话框中的"策略"选项卡如图 3-20 所示。该选项卡定义了切削方向、切削顺序等最常用和最主要的参数。

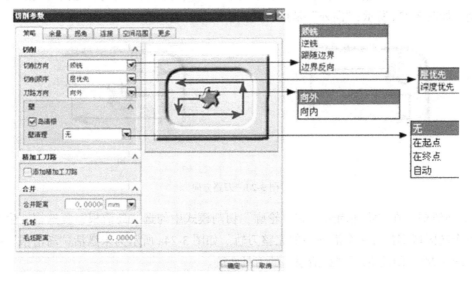

图 3-20 切削参数—策略选项卡

1）切削方向。切削方向包括"顺铣"、"逆铣"、"跟随边界"、"边界反向"四个选项。

顺铣（图 3-21a）：刀具顺着工件的运动方向进给，此方式能得到比较好的表面粗糙度，同时又能延长刀具的使用寿命；逆铣（图 3-21b）：刀具逆着工件的运动方向进给；跟随边界（图 3-21c）：刀具按照选择边界成员的方向进行切削；边界反向（图 3-21d）：刀具按照选择边界成员的反方向进行切削。

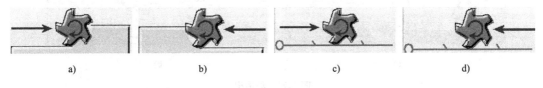

a) b) c) d)

图 3-21 切削方向

2）切削顺序。切削顺序指定如何处理包含多个区域和多个层的刀轨，分为"层优先"和"深度优先"两类。设定为"层优先"时（图 3-22a），刀具在完成同一个切削深度上所有区域的加工后，再往下进给一个深度进行加工；设定为"深度优先"时（图 3-22b），刀具完成一个区域的所有深度的加工后，再对另一个区域进行加工。

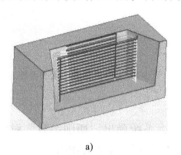 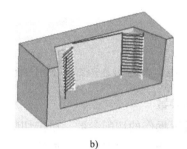

a)　　　　　　　　　　　　　　　　　　b)

图 3-22　切削顺序

3）刀路方向。刀路方向分为"向内"、"向外"两种方式。"向内"是指刀具从周边向中心切削，如图 3-23a 所示；"向外"是指刀具从中心向周边切削，如图 3-23b 所示。

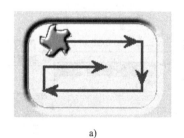 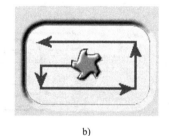

a)　　　　　　　　　　　　　　　　　　b)

图 3-23　刀路方向

4）岛清根。在"跟随周边"和"轮廓"切削模式中勾选"岛清根"复选框，生成刀轨时，每个岛区域都包含一个沿该岛的完整刀轨。如图 3-24a 所示为未激活"岛清根"的刀具轨迹，图 3-24b 所示是激活"岛清根"的刀具轨迹。

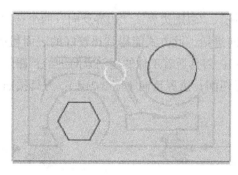 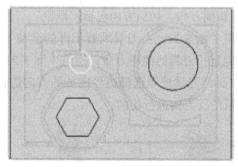

a)　　　　　　　　　　　　　　　　　　b)

图 3-24　岛清根

5）壁清理。当使用"单向"、"往复"和"跟随周边"切削模式时，使用"壁清理"可移除部件壁面出现的残料。系统通过在每个切削层插入一个轮廓刀路来完成清壁操作。壁清理包括："无"，即不进行壁清理；"在起点"，即刀具首先在侧壁上产生一条刀轨，然后再进行层切削；"在终点"，即刀具先进行层切削，然后再进行壁清理；"自动"，即系统自行确定壁清理和层切削的先后次序。图 3-25a 所示为未使用壁清理的刀轨，图 3-25b 所示为使用壁清理后的刀轨。

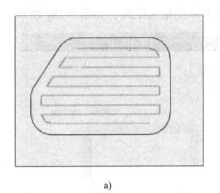 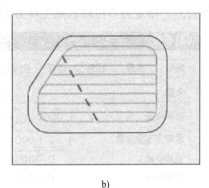

a)   b)

图 3-25　壁清理

6）精加工刀路。勾选"添加精加工刀路"复选框后，输入精加工步距值及刀路数，系统在边界后所有岛的周围创建单条或多条刀路。图 3-26a 所示为未使用"精加工刀路"的刀轨，图 3-26b 所示为使用"精加工刀路"的刀轨（刀路数为 2）。

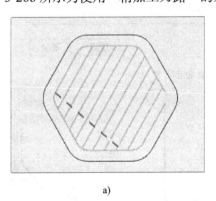 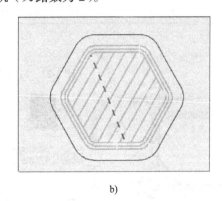

a)   b)

图 3-26　精加工刀路

7）毛坯距离。当毛坯是具有恒定厚度的铸件或部件的材料时，可以不指定毛坯边界，使用毛坯距离来指定毛坯。

（2）余量　此选项卡（图 3-27）主要用于确定完成当前操作后部件上剩余的材料量。可以为底平面和部件内、外壁面指定余量，还可以指定完成最终轮廓刀轨后应剩余的材料量以及指定一个安全距离，以便刀具在刀轨的切削部分前后移刀。

1）部件余量。指定部件几何体周围包围着的、刀具不能切削的一层材料（图 3-28a），"部件余量"一般在后续精加工操作中移除，也可以在同一操作的精加工刀路中移除。

2）最终底部面余量。指定完成当前操作后，工件底部留下不能切削的材料厚度（图3-28b），"底部面余量"一般在后续底面精加工操作中移除。

3）毛坯余量。指定刀具偏离已定义毛坯几何体的距离，如图3-28c所示。

4）检查余量。指定刀具位置与定义的检查边界的距离，如图3-28d所示。

5）修剪余量。指定刀具位置与修剪边界的距离，如图3-28e所示。

6）内公差。指定刀具可以向工件方向偏离预定刀轨的最大距离，如图3-28f所示。

7）外公差。指定刀具可以远离工件方向偏离刀轨的最大距离，如图3-28g所示。

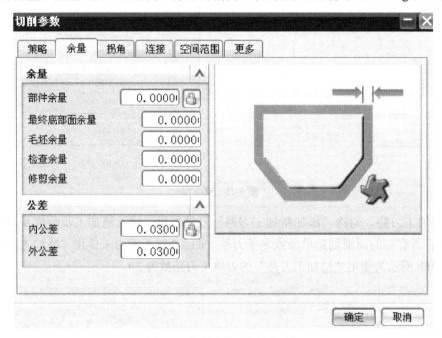

图 3-27　切削参数—余量选项卡

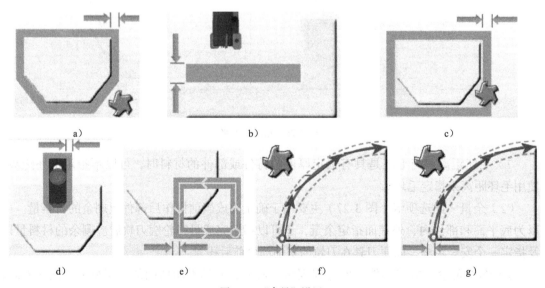

图 3-28　"余量"设置

（3）拐角　如图 3-29 所示，拐角选项卡主要用于工件拐角部位刀轨过渡和进给量的设置。

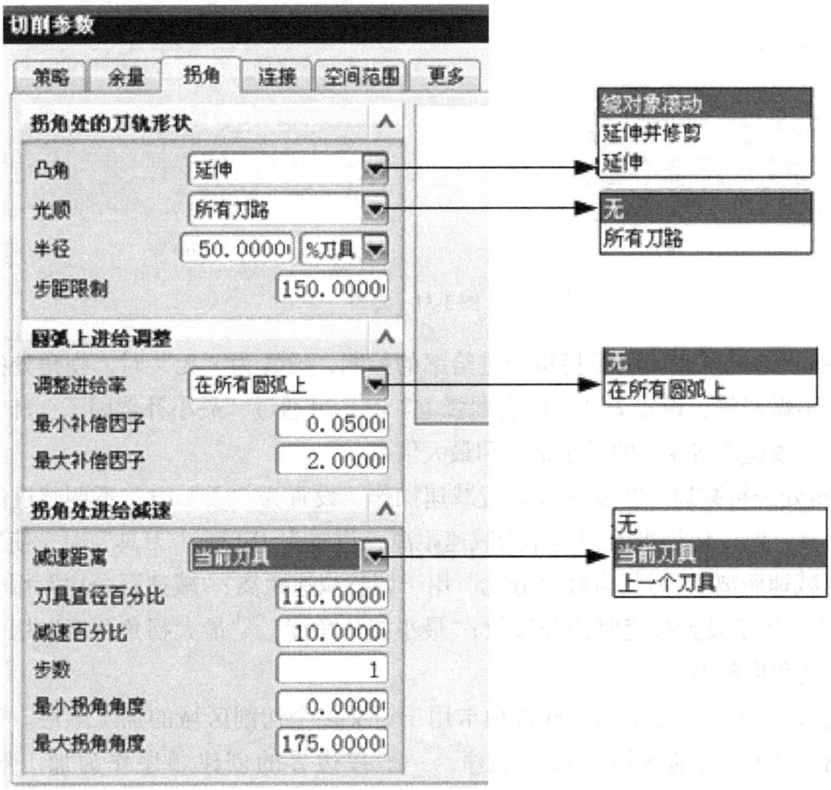

图 3-29　切削参数—拐角选项卡

1）凸角。用于对零件凸角处的刀具轨迹进行处理，包括绕对象滚动（图 3-30a）、延伸并修剪（图 3-30b）、延伸（图 3-30c）三个选项。

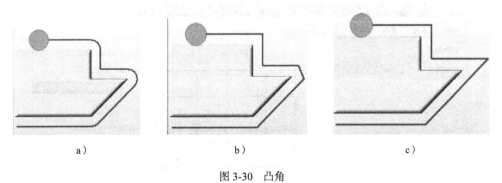

　　　　a)　　　　　　　　　　　　b)　　　　　　　　　　　　c)

图 3-30　凸角

2）光顺。设定在拐角处是否添加圆弧光滑过渡，包括"无"和"所有刀路"两个选项。设置为"无"时，刀轨拐角和各步距之间不应用圆弧过渡，如图 3-31a 所示；设置为"所有刀路"时，在所有刀轨拐角和各步距之间均应用圆弧过渡，如图 3-31b 所示。"半径"指添加到拐角和步距运动的光顺圆弧的半径，"步距限制"指使用 100% 的最小值和 300% 的最大值移除未切削区域。

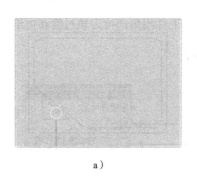 

a)   b)

图 3-31   光顺

3）圆弧上进给调整。用于拐角处进给率的控制，设置为"无"时，拐角处按照之前的速率进给，不做调整；设置为"在所有圆弧上"时，可通过"最小补偿因子"和"最大补偿因子"来确定减速（增速）的最小倍率和最大倍率。

4）拐角处进给减速。在拐角处设置减速操作，设置为"无"时，不调整进给率；设置为"当前刀具"时，使用当前刀具作为减速距离；设置为"上一个刀具"时，使用上一个刀具直径作为减速距离。"刀具直径百分比"用于调整减速距离；"减速百分比"用于指定减速数值；"步数"用于设置减速时的分段数；"最小拐角角度"、"最大拐角角度"用于设置系统可设置的拐角角度范围。

（4）连接   如图 3-32 所示，此选项卡用于定义多个切削区域的加工顺序。设置为"标准"时，系统确定切削区域的加工顺序，一般按边界的创建顺序作为加工顺序；设置为"优化"时，系统根据最佳加工效率来确定切削区域的加工顺序；设置为"跟随起点"和"跟随预钻点"时，系统根据指定切削区域的起点和预钻点所采用的顺序来确定加工顺序。

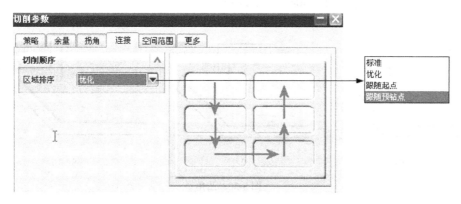

图 3-32   切削参数—连接选项卡

（5）空间范围   如图 3-33 所示，"处理中的工件"是指本次操作完成对工件的加工之后，工件相对于零件而言剩余的未切削掉的材料，所有未被铣削的边界被导出为封闭轮廓，在之后的操作中可将未切削区域作为毛坯边界来生成刀轨，从而清理这些未切削材料。其包含"无"、"使用 2D IPW"和"使用参考刀具"三个选项。

如果想在本次操作中完成对上次操作错过的残料的加工，可选用"使用 2D IPW"或"使用参考刀具"选项，参考刀具一般为上次操作对区域进行粗加工的刀具，系统计算出该刀具加工后剩余的未切削部分，然后用当前的刀具生成刀轨。当前刀具的半径要小于参考刀具的半径。

"重叠距离"在对应文本框输入一个距离值，使未切削区域创建的永久边界和曲线相对于未切削区域的边缘往外偏置一个数值。

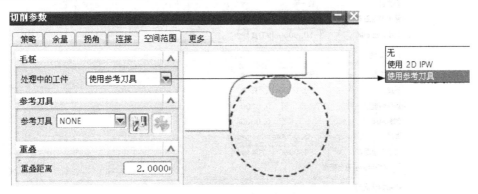

图 3-33 切削参数—空间范围

（6）更多 如图 3-34 所示，此选项卡用于设定"安全距离"，即用于定义刀具夹持器不能触碰的扩展安全区域；"防止底切"，即刀具在生成底切刀轨时，防止刀具夹持器碰到部件几何体；"下限平面"，即指定刀具向下运动时不能超越的平面。

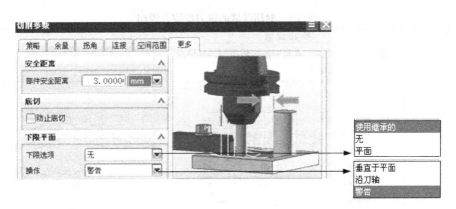

图 3-34 切削参数—更多选项卡

6. 非切削移动

单击"刀轨设置"对话框中的"非切削移动"按钮，系统弹出如图 3-35 所示"非切削移动"对话框。"非切削移动"一般用于切削之前、之后和之间定位刀具，其可以是一个简单的单个进刀和退刀，也可以是一系列定制的进刀、退刀和移刀运动。

非切削移动包含"进刀"、"退刀"、"起点 / 钻点"、"传递 / 快速"、"避让"、"更多"六个选项卡。

（1）进刀 如图 3-35 所示，进刀选项卡分为"封闭区域"和"开放区域"两种情况。

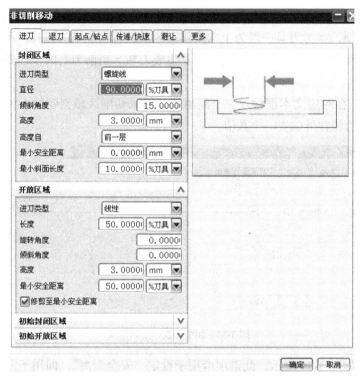

图 3-35　非切削移动—进刀选项卡

1）封闭区域。单击"进刀类型"的下拉框，封闭区域的进刀类型及说明见表 3-3。

表 3-3　封闭区域的进刀类型及说明

进刀类型	参 数 设 置	图　　形
与开放区域相同	处理封闭区域的方式与开放区域类似，且使用开放区域的移动定义	
螺旋线	直径　　　　90.0000 %刀具 倾斜角度　　　15.0000 高度　　　　3.0000 mm 高度自　　　前一层 最小安全距离　0.0000 mm 最小斜面长度　10.0000 %刀具	
沿形状斜进刀	倾斜角度　　　15.0000 高度　　　　3.0000 mm 高度自　　　前一层 最大宽度　　　无 最小安全距离　0.0000 mm 最小斜面长度　10.0000 %刀具	

（续）

进刀类型	参数设置	图　形
插削	高度　　3.0000 mm 高度自　前一层	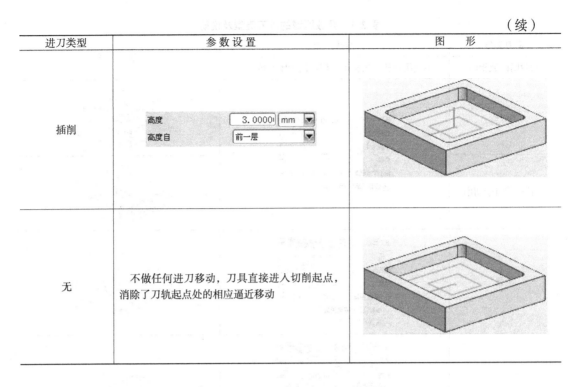
无	不做任何进刀移动，刀具直接进入切削起点，消除了刀轨起点处的相应逼近移动	

"直径"表示螺旋进给时螺旋线的直径（图 3-36a）；"倾斜角度"用于控制刀具切入材料内的斜度，该角度是在与部件表面垂直的平面中测量的，其值必须大于 0°且小于 90°（图 3-36b）；"高度"表示指定要在切削层的上方开始进刀的距离（图 3-36c）；"最小安全距离"表示指定刀具远离部件非加工区域的距离（图 3-36d）；"最小斜面长度"表示指定进刀移动时刀具的总移动长度（图 3-36e）。

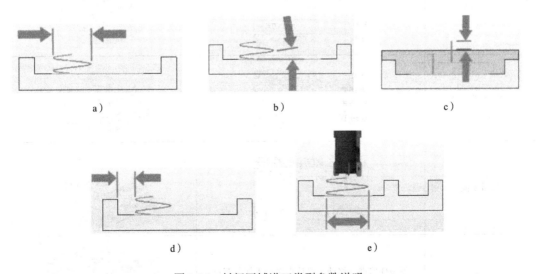

图 3-36　封闭区域进刀类型参数说明

2）开放区域。单击"进刀类型"对应的下拉框，开放区域的进刀类型及说明见表 3-4。

表 3-4 开放区域的进刀类型及说明

进刀类型	参数设置	图　形
与封闭区域相同	不使用开放区域移动，但使用封闭区域设置	
线性	长度　50.0000 %刀具 旋转角度　0.0000 倾斜角度　0.0000	
线性—相对于切削	高度　3.0000 mm 最小安全距离　50.0000 %刀具 ☑修剪至最小安全距离	
圆弧	进刀类型　圆弧 半径　7.0000 mm 圆弧角度　90.0000 高度　3.0000 mm 最小安全距离　50.0000 %刀具 ☑修剪至最小安全距离 ☐在圆弧中心处开始	
点	进刀类型　点 半径　7.0000 mm 高度　3.0000 mm 进刀点 指定点 (0) 添加新集 有效距离　指定 距离　500.0000 %刀具	
线性—沿矢量	进刀类型　线性 - 沿矢量 * 指定矢量 (0) 反向 长度　50.0000 %刀具 高度　3.0000 mm	
角度 角度 平面	进刀类型　角度 角度 平面 旋转角度　0.0000 倾斜角度　0.0000 指定平面	
矢量平面	进刀类型　矢量平面 * 指定矢量 (0) 反向 指定平面	
无	不做任何进刀移动，刀具直接进入切削起点，消除了刀轨起点处的相应逼近移动	

（2）退刀　"退刀"选项卡如图 3-37 所示，其类型、参数及方式与进刀类型相似。

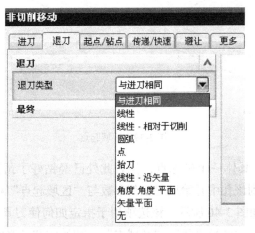

图 3-37　非切削移动—退刀选项卡

（3）起点 / 钻点　如图 3-38 所示，此选项卡用于确定切削起始点的位置，包含"重叠距离"、"区域起点"、"预钻孔点"等参数。

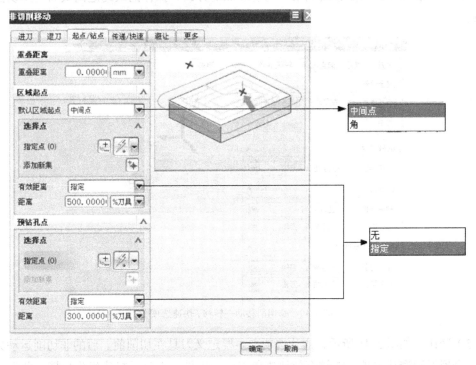

图 3-38　非切削移动—起点 / 钻点选项卡

1）重叠距离。用于指定切削结束点与切削起点的重合程度。设定重叠距离将确保在进刀和退刀移动处完全清理残料。

2）区域起点。用于确定加工的开始位置。"默认区域起点"有"中间点"和"角"两个选项。"中间点"指定起点时如图 3-39a 所示，"角"指定起点时如图 3-39b 所示。

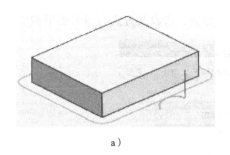
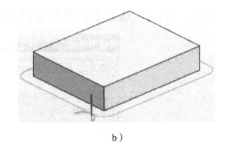

a）   b）

图 3-39　区域起点

3）预钻孔点。指定具体一个坐标点，代表此处已经钻好了预钻孔，刀具将在没有任何特殊进刀的情况下下降到该孔中开始加工。其参数与"区域起点"相同。

（4）转移 / 快速　如图 3-40 所示，该选项用于指定如何使刀具从一个刀路向另一个刀路移动，包括"安全设置"、"区域之间"、"区域内"、"初始的和最终的"四个部分。

其中"安全设置"用于指定转移 / 快速时的安全平面；"区域之间"用于指定刀具在区域之间转移 / 快速方式；"区域内"用于指定刀具在同一区域内的转移 / 快速方式；"初始的和最终的"用于控制操作的初始移动到第一切削区域的方式，操作的最终远离最后一个切削位置的方式。

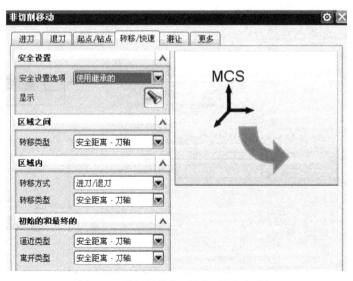

图 3-40　非切削移动—转移 / 快速选项卡

（5）避让　如图 3-41 所示，避让选项卡主要定义刀具在切削前、后的非切削运动方向和位置，合理设置避让选项，能够有效地避免刀具与工件、夹具及机床发生碰撞。此选项卡包括"出发点"、"起点"、"返回点"、"回零点"四个部分。

1）出发点。如图 3-42a 所示，指定刀轨开始处的初始刀具位置。若选择"无"，系统自动确定刀具出发点；若选择"指定"，用户可通过点构造器来指定出发点的具体位置。

2）起点。如图 3-42b 所示，指定切削开始时切入部件的刀具位置。

3）返回点。如图 3-42c 所示，指定切削结束时离开部件的刀具位置。

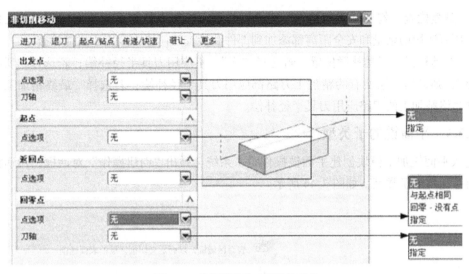

图 3-41　非切削移动—避让选项卡

4）回零点。如图 3-42d 所示，指定切削结束后最终的刀具位置。

5）刀轴。此选项可以用矢量构造器定义主轴的方向，三轴加工时一般只需设置为"无"，多轴加工时，根据需要可设置刀轴方向。

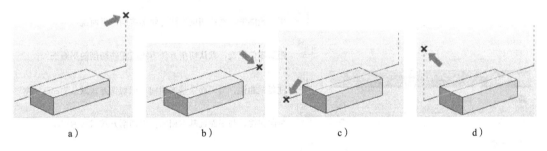

图 3-42　避让中的点

（6）更多　如图 3-43 所示，更多选项卡主要用于"碰撞检查"和"刀具补偿"的设置。

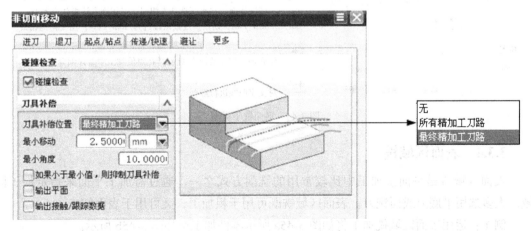

图 3-43　非切削移动—更多选项卡

1）碰撞检查。勾选"碰撞检查"复选框，可以检测刀具与部件几何体和检查几何体的碰撞。所有适用的余量和安全距离都添加到部件和检查几何体中，用于碰撞检查。

2）刀具补偿。刀具补偿位置，若选择"无"，不应用刀具半径补偿；若选择"所有精加工刀路"，则最后一层所有的精加工刀路都应用刀具半径补偿；若选择"最终精加工刀路"，则仅在最终精加工的刀路应用刀具半径补偿。

3.3.3 平面铣的子类型

进入平面铣加工模块创建平面铣操作时，系统会弹出"创建操作"对话框，对话框中包含所有平面铣的子类型，如图 3-44 所示。

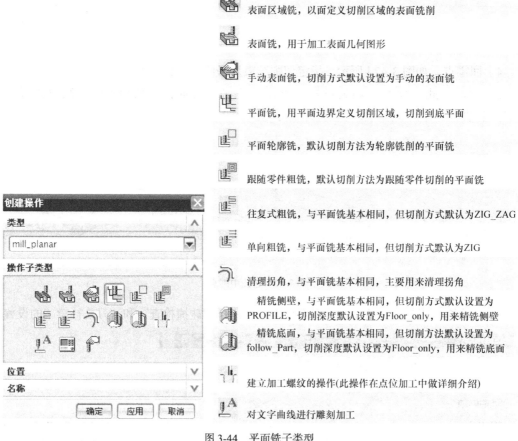

表面区域铣，以面定义切削区域的表面铣削

表面铣，用于加工表面几何图形

手动表面铣，切削方式默认设置为手动的表面铣

平面铣，用平面边界定义切削区域，切削到底平面

平面轮廓铣，默认切削方法为轮廓铣削的平面铣

跟随零件粗铣，默认切削方法为跟随零件切削的平面铣

往复式粗铣，与平面铣基本相同，但切削方式默认为ZIG_ZAG

单向粗铣，与平面铣基本相同，但切削方式默认为ZIG

清理拐角，与平面铣基本相同，主要用来清理拐角

精铣侧壁，与平面铣基本相同，但切削方式默认设置为PROFILE，切削深度默认设置为Floor_only，用来精铣侧壁

精铣底面，与平面铣基本相同，但切削方法默认设置为follow_Part，切削深度默认设置为Floor_only，用来精铣底面

建立加工螺纹的操作(此操作在点位加工中做详细介绍)

对文字曲线进行雕刻加工

图 3-44 平面铣子类型

3.3.4 表面区域铣

表面区域铣是平面铣加工中比较常用的铣削方式之一，通过需加工平面来指定加工区域，大多选用平底刀或面铣刀。表面区域铣既可用于粗加工，又可用于表面加工。

例 1：运用表面区域铣加工将如图 3-45a 所示零件加工至如图 3-45b 所示。

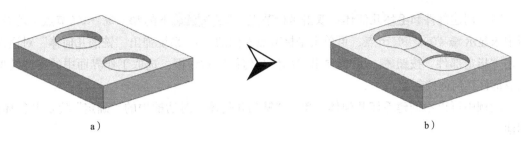

图 3-45　表面区域铣

1. 打开文件进入加工模块

1) 打开下载文件 sample/source/03/qybmx.prt，如图 3-45b 所示部件模型被调入系统。

2) 单击下拉菜单 **开始** → **加工(N)**，在系统弹出的"加工环境"对话框中，将 **要创建的 CAM 设置** 设置为 **mill_planar**，单击 **确定**，进入加工环境。

2. 创建几何体

（1）坐标系与安全平面设置　在操作导航器的空白处单击右键（若操作导航器自动隐藏未在工作界面中显示，可单击资源条中的操作导航器按钮 ），在弹出的快捷菜单中单击几何视图按钮 几何视图，双击坐标节点 ⊕ **MCS_MILL**，系统弹出如图 3-46a 所示"Mill Orient"对话框。

单击对话中的创建坐标系按钮 ，系统弹出如图 3-46b 所示"CSYS"对话框，此处选择 动态，在工作界面的坐标原点框中输入 Z 值为 25 并单击"确定"（图 3-46c），坐标系从底平面中心位置移至工件上表面中心位置，如图 3-46d 所示。在图 3-46a 中输入安全距离为 10mm 并单击"确定"。

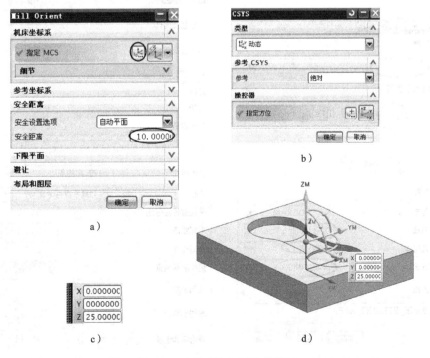

图 3-46　坐标系及安全平面设置

（2）创建部件和毛坯几何体　双击坐标节点 ⊞ ⚙ MCS_MILL 下的 ⚙ WORKPIECE 节点（若导航器中未显示 ⚙ WORKPIECE 节点，可单击坐标节点左侧的 ⊞），系统弹出"铣削几何体"对话框。单击"指定部件"按钮 ⚙，系统弹出"部件几何体"对话框，选取工作界面中的实体模型，完成部件几何体的创建。

此例中可以不创建毛坯几何体。单击"铣削几何体"对话框中的"确定"完成几何体的创建。

3. 创建刀具

单击"插入"工具栏中的"创建刀具" 🔧 按钮，在"创建刀具"对话框中选择刀具子类型为 🔧（Mill），在"名称"文本框中输入"D20"，进入"刀具参数"对话框，输入刀具直径为 20mm，刀具和刀补号均为 1，其他为默认设置。

4. 创建表面区域铣操作

1）单击"插入"工具栏中的"创建操作" 🔧 按钮，系统弹出如图 3-47 所示对话框，在 **类型** 下拉框中选择 mill_planar，**操作子类型** 区域中选择 🔧，在 **刀具** 下拉框中选用 D20，在几何体下拉框中选择 WORKPIECE，在 **方法** 下拉框中选择 MILL_FINISH。单击"确定"后，系统弹出如图 3-48 所示"面铣削区域"对话框。

图 3-47　"创建操作"对话框　　　　　　图 3-48　"面铣削区域"对话框

2）单击"指定切削区域"按钮，系统弹出如图 3-49 所示对话框，选取如图 3-50 所示表面，完成切削区域的创建。

图 3-49　"切削区域"对话框

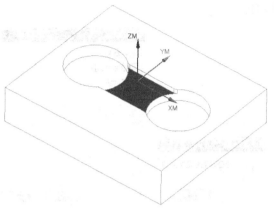

图 3-50　拾取表面区域

3）选择"切削模式"为 跟随周边，"步距"为刀具直径的 75%，"毛坯距离"为 3mm（工件顶面到该表面的距离值），"每刀深度"为 1.5mm，其他为默认设置。

4）单击 进给率和速度 按钮，在弹出的对话框中设置主轴转速为 800r/min，切削速度为 200mm/min，其他参数均为默认设置。

5）单击"面铣削区域"对话框中的"刀轨生成"按钮，生成如图 3-51 所示刀轨，单击"确认"按钮，系统弹出如图 3-52 所示"刀轨可视化"对话框。

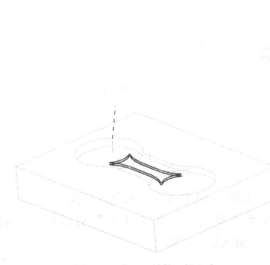

图 3-51　表面区域铣刀轨生成

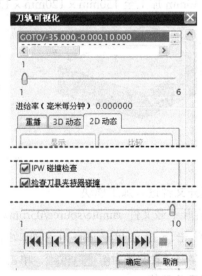

图 3-52　"刀轨可视化"对话框

6）单击对话框中的"2D 动态"选项卡，单击"播放"按钮▶，因为开始时未设定毛坯，所以系统弹出如图 3-53 所示警告框，单击 OK ，按如图 3-54 所示设置弹出的"临时毛坯"对话框并单击"确定"，仿真效果如图 3-55 所示。

注意：由于此例中的毛坯是如图 3-45a 所示的半成品，如要指定精确的毛坯形状，需通过"装配"等方式调入毛坯实体（在之后的章节中会进行详细的介绍）。本例为简化操作，故没有创建毛坯几何体。此例中，未指定毛坯对最终生成刀轨，但对加工程序的生成没有任何影响。

图 3-53　警告框　　　　图 3-54　"临时毛坯"对话框　　　图 3-55　"表面区域铣"实体验证结果

3.3.5　表面铣

表面铣与表面区域铣相似，但表面铣是通过定义加工面的边界来确定加工区域的，即用户通过选取面来指定加工部位，表面铣最终也是根据该面生成加工边界。表面铣一般应用于大平面的铣削。

例 2：运用表面铣加工将图 3-56a 所示零件加工至如图 3-56b 所示。工件由 150mm × 120mm × 30mm 加工至 150mm × 120mm × 15mm。

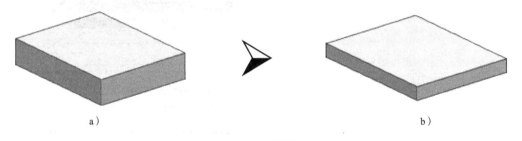

a)　　　　　　　　　　　　　　　　　　　　　b)

图 3-56　表面铣

1. 打开文件进入加工模块

1）打开下载文件 sample/source/03/bmx.prt，如图 3-56b 所示模型被调入系统。

2）单击下拉菜单 🚀 开始▪ → 🔧 加工(N)，在系统弹出的"加工环境"对话框中，将**要创建的 CAM 设置**设置为 mill_planar，单击 确定 ，进入加工环境。

2. 创建几何体

1）坐标系与安全平面采用操作导航器 🖱 MCS_MILL 节点中的默认方式。

2）双击坐标节点 ⊞ 🖱 MCS_MILL 下的 🔩 WORKPIECE 节点，系统弹出"铣削几何体"对话框，单击"指定部件"按钮 📦，拾取界面中的实体作为部件几何体。单击"指定毛坯"按钮 📦，按如图 3-57 所示设置毛坯，毛坯线框如图 3-58 所示。

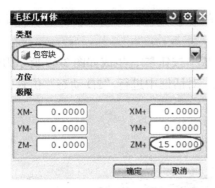

图 3-57　毛坯几何体设置

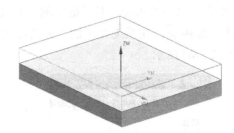

图 3-58　毛坯线框

3. 创建刀具

单击"插入"工具栏中的"创建刀具" 按钮，在"创建刀具"对话框中选择刀具子类型为 （Face_Mill），在"名称"文本框中输入"D150"并单击"确定"，在"刀具参数"对话框中输入刀具直径为 150mm，刀具和刀补号均为 1，其他为默认设置。

4. 创建操作

1）单击"插入"工具栏中的"创建操作" 按钮，系统弹出"创建操作"对话框，在"类型"下拉框中选择 mill_planar，在"操作子类型"下拉框中选择 ，在"刀具"下拉框中选择 D150，在"几何体"下拉框中选 WORKPIECE，在"方法"下拉框中选择 MILL_FINISH。单击"确定"后，系统弹出如图 3-59 所示"面铣"对话框。

2）单击"指定面边界"按钮 ，系统弹出"指定面几何体"对话框，拾取如图 3-60 所示表面，完成面边界的创建。

3）选择"切削模式"为 单向，"步距"为刀具直径的 75%，"毛坯距离"为 15mm，"每刀深度"为 3mm。

4）单击"切削参数"按钮 ，在如图 3-61 所示"策略"选项卡中，指定"切削角"为与 XC 轴的夹角为"0"，单击"确定"按钮。

5）单击"进给率和速度"按钮 ，在

图 3-59　"面铣"对话框

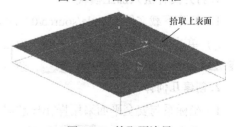

图 3-60　拾取面边界

弹出的对话框中设置主轴转速为 400r/min，切削速度为 80mm/min，其他参数均为默认设置。

6）单击"表面区域铣"对话框中的"刀轨生成"按钮🕹️，生成如图 3-62 所示刀轨，单击"确认"按钮🔲，在系统弹出的"刀轨可视化"对话框中进行"2D 动态"仿真，实体验证效果如图 3-63 所示。

图 3-61　切削角度设置

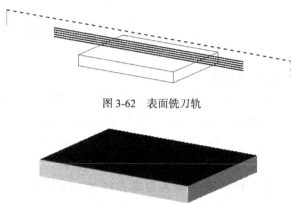

图 3-62　表面铣刀轨

图 3-63　"表面铣"实体验证效果

3.3.6　手工表面铣

手工表面铣一般用于表面铣操作的混合切削方法中，在某些情况下，可能需要在不同的切削区域中采用不同的切削模式，此时可用手动模式针对不同的区域创建最优的刀具路径。

例 3：运用手工表面铣加工，将如图 3-64a 所示零件加工至如图 3-64b 所示。

a）　　　　　　　　　　　　　　　b）

图 3-64　手工表面铣

1. 打开文件进入加工模块

1）打开下载文件 sample/source/03/sgbmx.prt，如图 3-64b 所示部件模型被调入系统。

2）单击下拉菜单 🟡开始▼→ 🕹️ 加工(N)，在系统弹出的"加工环境"对话框中，将**要创建的 CAM 设置**设置为 mill_planar，进入加工环境。

2. 创建几何体

1）坐标系与安全平面采用操作导航器 ⊕ 🕹️ MCS_MILL 节点中的默认方式。

2）双击坐标节点 ⊕ 🕹️ MCS_MILL 下的 🕹️ WORKPIECE 节点，系统弹出"铣削几何体"对话框，单击**指定部件**按钮🔧，拾取工作界面中的实体模型。单击**指定毛坯**按钮🔷，按图 3-65 所示设置"毛坯几何体"对话框。

图 3-65 "毛坯几何体"对话框　　　　图 3-66 "手工面铣削"对话框

3. 创建刀具

创建刀具名称为 D20，刀具直径为 20mm，刀具和刀补号均为 1，刀具类型为📏（Mill）的平底刀。具体操作参见之前两个实例。

4. 创建操作

1）单击"插入"工具栏中的"创建操作"📑按钮，系统弹出"创建操作"对话框，在**类型**下拉框中选择 mill_planar，在**操作子类型**区域中选择📑，在**刀具**下拉框中选择 D20，在几何体下拉框中选择 WORKPIECE，在**方法**下拉框中选择 MILL_FINISH。单击"确定"后，系统弹出如图 3-66 所示"手工面铣削"对话框。

2）单击"指定切削区域"按钮📑，依次拾取如图 3-67 所示三个表面并单击"确定"。

3）选择"切削模式"为📑**混合**，"步距"为刀具直径的 75，"毛坯距离"为 3mm，"每刀深度"为 3mm。

4）单击"进给率和速度"按钮📑，在弹出的对话框中设置主轴转速为 600r/min，切削速度为 80mm/min，其他参数均为默认设置。

5）单击"表面区域铣"对话框中的"刀轨生成"按钮📑，弹出如图 3-68 所示"区域切削模式"对话框。

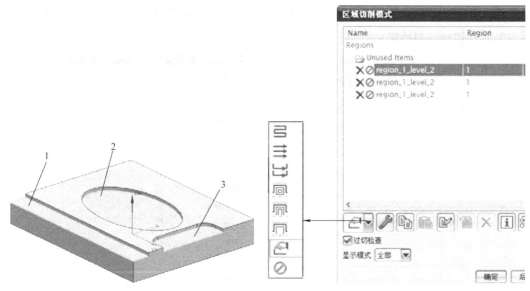

图 3-67　手工表面铣—区域指定　　　　图 3-68　"区域切削模式"对话框

6）单击选中"区域切削模式"对话框中的第一个加工区域（选项的顺序与平面选择的顺序一致），在 下拉菜单中选择"单向" ；第二个加工区域选择"跟随部件" 方式；第三个加工区域选择"轮廓" 方式，单击 确定 按钮，系统返回"手工面铣削"对话框，生成如图 3-69 所示刀具轨迹。

7）单击"确认"按钮 ，在系统弹出的"刀轨可视化"对话框中进行 2D 动态仿真，实体验证效果如图 3-70 所示。

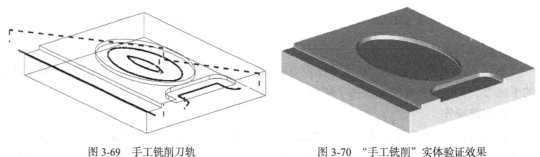

图 3-69　手工铣削刀轨　　　　　　图 3-70　"手工铣削"实体验证效果

3.3.7　平面铣

平面铣是使用边界来创建几何体的平面铣削方式，多用于粗加工，也可用于精加工零件的表面（平面）、垂直于底平面的侧面以及清除转角残留余量等。

与表面铣不同，平面铣增加了切削层的设置，是一种两轴半的加工方式，刀具 Z 向每进给一个深度即生成垂直于刀具轴的平面内（XY 平面）二轴刀轨，通过设置不同的切削方法，平面铣可以完成铣槽或者轮廓的外形加工。

例 4：运用平面铣加工完成如图 3-71b 所示零件的粗加工，零件毛坯如图 3-71a 所示。

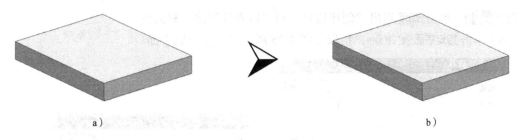

a)　　　　　　　　　　　　　　b)

图 3-71　平面铣

1. 打开文件进入加工模块

打开下载文件 sample/source/03/pmx.prt，如图 3-71b 所示模型被调入系统。按前面例子的操作进入平面铣加工模块。

2. 创建几何体

操作步骤与参数设置参见例 3。

3. 创建刀具

创建刀具名称为 D25，刀具直径为 25mm，刀具和刀补号均为 1，刀具类型为 🗍（Mill）的平底刀。具体操作参见之前的实例。

4. 创建操作

1）单击"插入"工具栏中的"创建操作" 🗍 按钮，在弹出的对话框中，在 **类型** 下拉框中选择 mill_planar，**操作子类型** 区域中选择 🗍，在 **刀具** 下拉框中选择 D25，在 **几何体** 下拉框中选择 WORKPIECE，在 **方法** 下拉框中选择 MILL_ROUGH。单击 **确定** 按钮，系统弹出如图 3-72 所示"平面铣"对话框。

2）单击"指定部件边界"按钮 🗍，系统弹出如图 3-73 所示"边界几何体"对话框，将"模式"下拉框中的"面"切换为 曲线/边，系统弹出如图 3-74 所示"创建边界"对话框。

3）在"类型"下拉框中选择 封闭的，在"材料侧"下拉框中选择 外部，拾取如图 3-75 所示正六边形的轮廓作为边界 1。

4）单击"创建下一个边界"按钮，在材料侧下拉框中选择 内部，拾取如图 3-75 所示圆形的轮廓作为边界 2，单击 **确定** 按钮退出"创建边界"和"边界几何体"对话框。

5）在"平面铣"对话框中单击"指定毛坯边界"按钮 🗍，拾取如图 3-75 所示矩形轮廓为毛坯边界（方法参见步骤 3，但此处"材料侧"下拉框

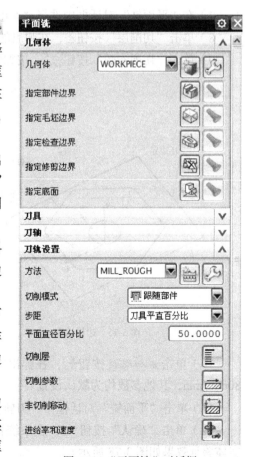

图 3-72　"平面铣"对话框

中选择<u>内部</u>）。单击 <u>确定</u> 退出 "创建边界" 和 "边界几何体" 对话框。

6）单击 <u>指定底面</u> 按钮 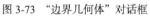，拾取如图 3-75 所示平面作为底平面。

图 3-73 "边界几何体" 对话框

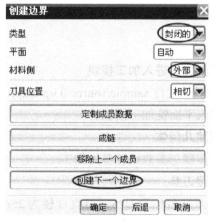

图 3-74 "创建边界" 对话框

7）在 "平面铣" 对话框中选择 "切削模式" 为 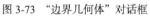 跟随部件，"步距" 为刀具直径的 50%。

8）单击 "切削层" 按钮，在弹出的 "切削层" 对话框中设置每刀深度为 3mm。

9）单击 "切削参数" 按钮，按如图 3-76 所示设置粗加工余量。

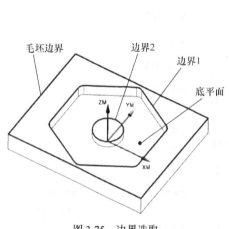

图 3-75 边界选取

图 3-76 粗加工余量设置

10）单击 <u>进给率和速度</u> 按钮，在弹出的对话框中设置主轴转速为 500r/min，切削速度为 80mm/min，其他参数均为默认设置。

11）单击 "平面铣" 对话框中 "刀轨生成" 按钮，生成如图 3-77 所示刀具轨迹。

12）单击 "确认" 按钮，在系统弹出的 "刀轨可视化" 对话框中进行 2D 动态仿真，实体验证效果如图 3-78 所示。

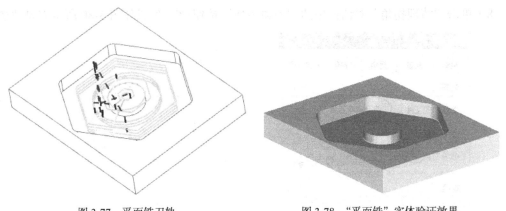

图 3-77　平面铣刀轨　　　　　　　　图 3-78　"平面铣"实体验证效果

3.3.8　清角加工

零件粗加工时，为提高切削效率，一般选用直径较大的刀具快速去除大部分余量，但会在零件的小拐角处残留下较多的残料。所以一般在精加工前有必要对这些残料进行清除。清角加工是以"跟随部件"方式来切削零件拐角的，一般应用于粗加工之后，精加工之前。

例 5：在例 4 中，采用 25mm 的铣刀粗加工零件后，在正六边形轮廓的六个拐角处留有未被切除的余量，此处可采用较小直径的刀具（10mm）进行清角加工。

注：清角操作在粗加工之后进行，几何体沿用之前操作的。以下所有操作紧接"例 4"操作之后。

1. 创建刀具

创建刀具名称为 D10，刀具直径为 10mm，刀具和刀补号均为 2，刀具类型为 （Mill）的平底刀，具体操作参见之前实例。

2. 创建操作

1）单击"插入"工具栏中的"创建操作" ![] 按钮，在弹出对话框的**类型**下拉框中选择 mill_planar，在**操作子类型**区域中选择 ![]，在**刀具**下拉框中选择 D10，在几何体下拉框中选择 WORKPIECE，在**方法**下拉框中选择 MILL_ROUGH。单击"确定"后，系统弹出"清理拐角"对话框（与平面铣对话框相同）。

2）单击"指定部件边界"按钮 ![]，拾取如图 3-75 所示正六边形的轮廓作为部件边界（具体操作与例 4 相同）。

3）单击"指定底面"按钮 ![]，拾取如图 3-75 所示平面作为底平面。

4）选择"切削模式"为 ![] 轮廓加工，"步距"为刀具直径的 50%。

5）单击"切削层"按钮 ![]，在弹出的"切削层"对话框中设置每刀深度为 3mm。

6）单击"切削参数"按钮 ![]，按如图 3-76 所示设置工件余量。单击"空间范围"选项卡，在"处理中的工件"下拉框中选择 使用参考刀具，在"参考刀具"下拉框中选择粗加工刀具 D25 平底铣刀，如图 3-79 所示。

7）单击"进给率和速度"按钮 ![]，在弹出的对话框中设置主轴转速为 1000r/min，切削速度为 80mm/min，其他参数均为默认设置。

8）单击"清理拐角"对话框中的"刀轨生成"按钮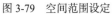，生成如图 3-80 所示刀具轨迹。

图 3-79　空间范围设定

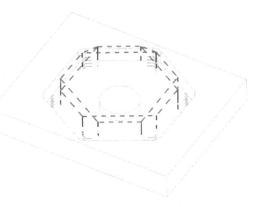

图 3-80　清理拐角刀轨

9）单击"确认"按钮，在系统弹出的"刀轨可视化"对话框中进行"2D 动态"仿真，实体验证效果如图 3-81 所示。

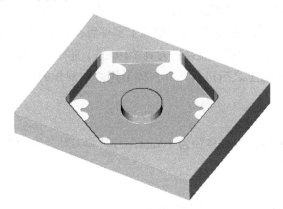

图 3-81　"清理拐角"实体验证效果

3.3.9　精铣侧壁

精铣侧壁是仅用于侧平面加工的一种平面切削方式，要求侧壁和底平面相互垂直，加工面与底平面相互平行。

例 6：例 5 中的零件经过清理拐角处理后，本例将对正六边形的侧壁和中间的圆弧凸台的侧壁进行精铣。

注：几何体和刀具尺寸均与例 5 相同，但精加工刀具材料可选用硬质合金。操作步骤紧接在"例 5"操作之后。

1）单击"插入"工具栏中的"创建操作"按钮，在弹出对话框的**类型**下拉框中选择 mill_planar，在**操作子类型**区域中选择，在**刀具**下拉框中选择 D10，在**几何体**下拉框中选择 WORKPIECE，在**方法**下拉框中选择 MILL_FINISH。单击 **确定** 按钮，系统弹出"精加工壁"对话框（与"平面铣"对话框相同）。

2）单击"指定部件边界"按钮 ，拾取如图 3-75 所示正六边形的轮廓作为部件边界 1，材料侧为外部；拾取圆弧边界为部件边界 2，材料侧为内部（具体操作与例 4 相同）。

3）单击"指定底面"按钮 ，拾取如图 3-75 所示平面作为底平面。"切削模式"与"步距"与例 5 相同。

4）单击"切削层"按钮 ，在弹出的"切削层"对话框中设置**类型**为 仅底面 。

5）单击"切削参数"按钮 ，将"余量"选项卡中的"最终底部面余量"设定为 0.1mm。

6）单击"进给率和速度"按钮 ，在弹出的对话框中设置主轴转速为 2000r/min，切削速度为 100mm/min，其他参数均为默认设置。

7）单击"刀轨生成"按钮 ，生成如图 3-82 所示刀具轨迹。单击"确认"按钮 ，在系统弹出的"刀轨可视化"对话框中进行 2D 动态仿真，实体验证效果如图 3-83 所示。

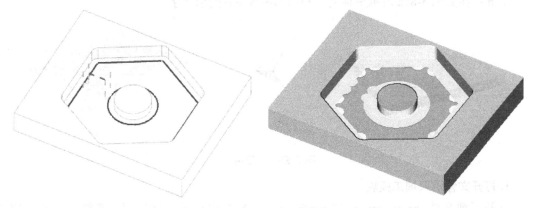

图 3-82　精铣侧壁刀轨　　　　　　　　图 3-83　"精铣侧壁"实体验证效果

3.3.10　精铣底面

精铣底面是仅用于底平面加工的一种平面切削方式，多用于底平面的精加工，系统默认的情况下是以刀具的切削刃和部件边界相切来进行切削的。

例 7：例 6 零件经过侧面精铣后，本例将对正六边形的底平面和中间的圆弧凸台顶面进行精铣。

注：几何体和刀具尺寸均与例 6 相同，精加工刀具材料也选用硬质合金。操作步骤紧接在"例 6"操作之后。

1）单击"插入"工具栏中的"创建操作" 按钮，在弹出对话框的**操作子类型**区域中选择 ，其他选项与例 6 相同。

2）选取与例 6 相同的方法指定部件边界和底平面，切削模式、步距的设定也与例 6 相同。

3）单击"切削层"按钮 ，在弹出的"切削层"对话框中设置"类型"为 底面及临界深度 。

4）单击"切削参数"按钮 ，将"余量"选项卡中"部件余量"设定为 0.1mm。

5）单击"刀轨生成"按钮 ，生成如图 3-84 所示刀具轨迹。单击"确认"按钮 ，在系统弹出的"刀轨可视化"对话框中进行 2D 动态仿真，实体验证效果如图 3-85 所示。

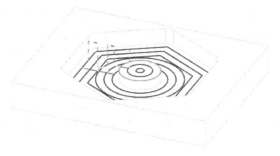

图 3-84　精铣底面刀轨　　　　　　　　图 3-85　"精铣底面"实体验证效果

3.3.11　文字雕刻

此功能用于在工件表面雕刻文字。

例 8：在如图 3-86a 所示平板上雕刻出如图 3-86b 所示文字。

a）　　　　　　　　　　　　　　　　　　　b）

图 3-86　文字雕刻

1. 打开文件进入加工模块

打开下载文件 sample/source/03/wzdk.prt，如图 3-87 所示部件被调入系统。按前面例子的操作进入平面铣加工模块。

2. 创建刀具

单击"插入"工具栏中的"创建刀具" 按钮，在"创建刀具"对话框中选择刀具子类型为 （Ball_Mill），在**名称**文本框中输入"R2"，如图 3-88 所示，在"刀具参数"对话框中输入相应参数（刀具、刀补号均为 1），其他为默认设置。

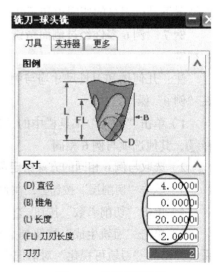

图 3-87　部件几何体　　　　　　　　　　图 3-88　铣刀参数设置

3. 创建几何体

采用默认坐标系，毛坯几何体和部件几何体均选用图 3-87 所示长方体。

4. 创建操作

1）单击"插入"工具栏中的"创建操作" 按钮，在弹出对话框的**类型**下拉框中选择 mill_planar，在**操作子类型**区域中选择 ，在**刀具**下拉框中选用 R2，在几何体下拉框中选择 WORKPIECE，在**方法**下拉框中选择 METHOD。单击"确定"按钮，系统弹出如图 3-89 所示"平面文本"对话框。

2）单击"指定制图文本"按钮 **A**，系统弹出如图 3-90 所示"文本几何体"对话框，拾取图 3-87 中的文字并单击"确定"。

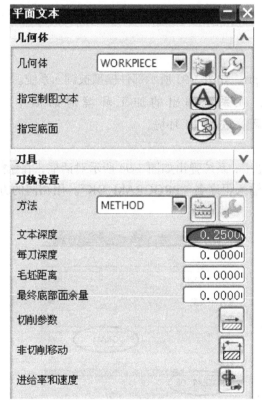

图 3-89　"平面文本"对话框

图 3-90　"文本几何体"对话框

3）单击"指定底面"按钮 ，拾取工件上表面并单击"确定"。

4）输入"文本深度"为 0.25mm；单击切削参数按钮 ，单击"进给率和速度"按钮 ，在弹出的对话框中设置主轴转速为 3000r/min，切削速度为 100mm/min，其他参数均为默认设置。

5）单击"刀轨生成"按钮 ，生成如图 3-91 所示刀具轨迹。单击"确认"按钮 ，在系统弹出的"刀轨可视化"对话框中进行 2D 动态仿真，实体验证效果如图 3-92 所示。

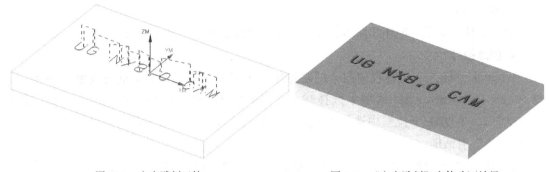

图 3-91　文字雕刻刀轨　　　　　　　图 3-92　"文字雕刻"实体验证效果

3.4 项目实施

3.4.1 创建父级组

1. 打开文件进入加工环境

1）打开下载文件 sample/source/03/pmxjg.prt，如图 3-93 所示部件模型被调入系统。

2）单击下拉菜单 ⑦开始· → ▶ 加工(N)，在系统弹出的加工环境对话框中，将**要创建的 CAM 设置**设置为 mill_planar，单击 确定，进入加工环境。

2. 创建程序

单击"插入"工具栏中"创建程序"按钮，系统弹出如图 3-94 所示对话框，在**程序**下拉框中选择"PROGRAM"，在**名称**文本框中输入程序名"PROGRAM_DK"。用相同的方法创建另一个程序"PROGRAM_PMX"。

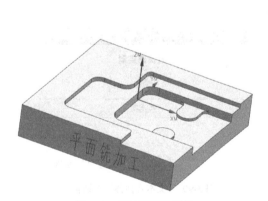

图 3-93　调入平面铣部件

图 3-94　"创建程序"对话框

3. 创建刀具

单击"插入"工具栏中的"创建刀具"按钮，在"创建刀具"对话框中选择刀具子类型为（BALL_Mill），在**名称**文本框中输入"R2"，单击 确定。在"刀具参数"对话框中输入直径为 4mm，刀具号为 1 号，刀具材料为 Carbide。其他为默认设置，单击 确定 完成刀具创建。

用相同的步骤创建 2 号刀具：名称为 D20，直径为 20mm 的平底刀，材料为 HSS；3 号刀具：名称为 D10H，直径为 10mm 的平底刀，材料为 HSS；4 号刀具：名称为 D10C，直径为 10mm 的平底刀，材料为 Carbide。

4. 创建几何体

（1）面铣几何体创建

1）坐标系与安全平面采用操作导航器 ⊕ ⫶ MCS_MILL 节点中的默认方式。

2）双击操作导航器中坐标节点 ⊕ ⫶ MCS_MILL 下的 🐾 WORKPIECE 节点，系统弹出"铣削几何体"对话框，单击 指定部件按钮 🗹，弹出"部件几何体"对话框，单击工作界面中的实体模型，单击 确定 完成部件几何体的创建。单击指定毛坯 按钮 🗹，在弹出的"毛坯几何体"对话框中，设置类型为"包容块"，各个轴向都不作偏置。

（2）雕刻几何体创建

1）单击插入工具条的"创建几何体"按钮，系统弹出如图 3-95 所示"创建几何体"对话框，"几何体子类型"选择 🔛，"几何体"选择为 WORKPIECE，名称 文本框中输入"MCS_DK"，单击 确定 按钮，系统弹出如图 3-96 所示"MCS"对话框。

2）单击 ⫶ 指定 MCS 按钮 🗹，系统弹出如图 3-97 所示"CSYS"对话框。在"类型"栏下拉框中选择 ⫶ 原点,X点,Y点 坐标系创建方式。

3）如图 3-98 所示，依次拾取 A 点（坐标原点）、B 点（X 轴点）、C 点（Y 轴点），单击 确定 按钮，系统生成"MCS_DK"坐标系。

图 3-95　创建坐标系

图 3-96　"MCS"对话框

图 3-97　"CSYS"对话框

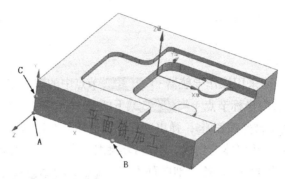

图 3-98　创建 MCS_DK 坐标系

5. 创建加工方法

将"操作导航器"中的视图切换至如图 3-99 所示，单击"粗加工方法"按钮 MILL_ROUGH 。按图 3-100 所示设置粗加工"部件余量"为 0.3mm，内、外公差为 0.05mm；单击"精加工方法"按钮 MILL_FINISH，设置部件余量为 0，内、外公差为 0.01mm。

图 3-99　操作导航器—加工方法

图 3-100　加工方法参数设置

3.4.2　创建操作

1. 雕刻文字

1）单击"插入"工具栏中的"创建操作" 按钮，在弹出对话框的**类型**下拉框中选择 mill_planar，在**工序子类型**区域中选择 ，在**程序**下拉框中选择 PROGRAM_DK"，在**刀具**下拉框中选择 R2，在**几何体**下拉框中选择 MCS_DK，在**方法**下拉框中选择 METHOD。单击确定后，系统弹出如图 3-89 所示"平面文本"对话框。

2）单击"指定制图文本"按钮 A，拾取文字"平面铣加工"；单击"指定底面"按钮 ，拾取工件的前平面。

3）输入"文本深度"为 0.3mm；单击"进给率和速度"按钮 ，输入主轴转速 3000r/min，切削速度为 100mm/min。

4）单击"刀轨生成"按钮，生成如图 3-101 所示刀具轨迹。单击"确认"按钮，在系统弹出的"刀轨可视化"对话框中进行"2D 动态"仿真，实体验证效果如图 3-102 所示。

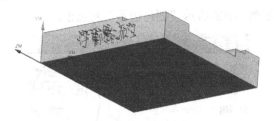

图 3-101 雕刻文字刀轨

图 3-102 雕刻文字实体验证效果

2. 平面铣削

（1）粗加工

1）单击"插入"工具栏中的"创建操作" 按钮，在弹出对话框的 **类型** 下拉框中选择 mill_planar，在 **工序子类型** 区域中选择 ，在"PROGRAM_PMX" **刀具** 下拉框中选用"D20"，在几何体下拉框中选择"WORKPIECE"，在 **方法** 下拉框中选择"MILL_ROUGH"。单击 确定 按钮，系统弹出如图 3-103 所示"平面铣"对话框。

图 3-103 平面铣参数设置

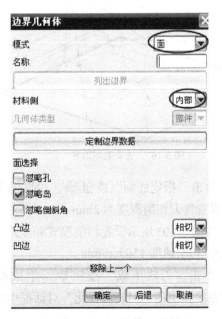

图 3-104 "边界几何体"对话框

2）单击"指定部件边界"按钮 ，系统弹出如图 3-104 所示"边界几何体"对话框，按图中所示设置参数，拾取如图 3-105 所示 1、2、3、4 四个平面作为部件边界并单击"确定"。

3）单击"指定毛坯边界"按钮 ，系统弹出如图 3-104 所示"边界几何体"对话框，在**模式**下拉框中选择"曲线 / 边"，系统弹出如图 3-106 所示"创建边界"对话框。

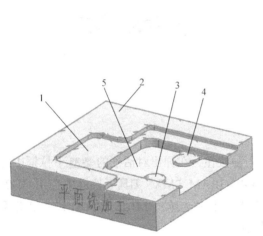

图 3-105 选取部件边界

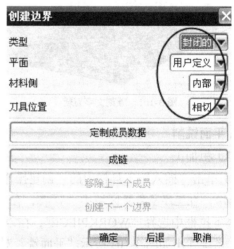

图 3-106 "创建边界"对话框

4）拾取如图 3-107 所示底平面四条边为毛坯边界，在"平面"下拉框中选择"用户定义"，系统弹出"平面构造器"对话框，拾取图 3-107 所示零件的上表面并单击"确定"，系统生成如图 3-108 所示毛坯边界。

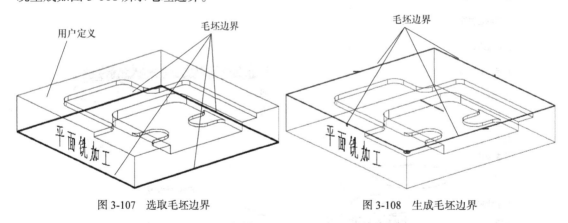

图 3-107 选取毛坯边界

图 3-108 生成毛坯边界

5）单击"指定底面"按钮 ，拾取图 3-105 所示平面 5 为底平面。单击"切削层"按钮 ，设置每刀切削深度为 2mm。

6）按图 3-103 所示设置切削模式和步距。单击"进给率和速度"按钮 ，输入主轴转速 800r/min，切削速度 150mm/min。

7）单击"刀轨生成"按钮 ，生成如图 3-109 所示刀具轨迹。单击"确认"按钮 ，在系统弹出的"刀轨可视化"对话框中进行"2D 动态"仿真，实体验证效果如图 3-110 所示。

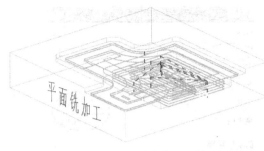

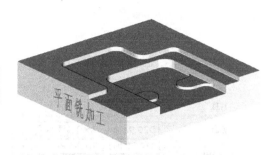

图 3-109　平面铣粗加工刀轨　　　　　　　　图 3-110　粗加工实体验证效果

（2）清角加工

1）创建清角加工程序。在操作导航器视图中，先选择先前的平面铣操作 PLANAR_MILL，再右键单击，在弹出的快捷菜单中选择"复制"命令（图 3-111a），复制 PLANAR_MIL 操作。

再次选中 PLANAR_MIL 操作，再右键单击，在弹出的快捷菜单中选择"粘贴"命令，在 PLANAR_MIL 操作下面即生成了此操作的复件 PLANAR_MILL_COPY，如图 3-111b 所示。

选中 PLANAR_MILL_COPY 操作，右键单击，在弹出的快捷菜单中选择"重命名"命令，将此操作更名为 QJ_MILL，操作结果如图 3-111c 所示。

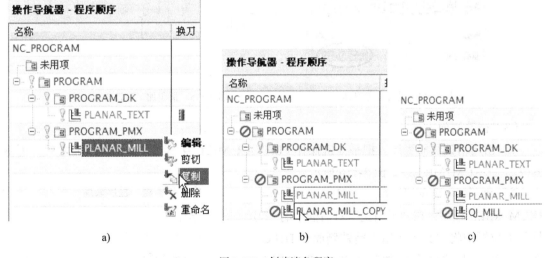

图 3-111　创建清角程序

2）创建清角操作。双击操作导航器中的清角操作 QJ_MILL，系统弹出"平面铣"对话框，在"刀具"栏中将刀具改为用于清角加工的刀具 D10H，如图 3-112 所示。

单击"切削层"按钮，按如图 3-113 所示设置切削层相关参数。单击"切削参数"按钮，按如图 3-114 所示设置"参考刀具"以确定清角加工边界。单击"进给率和速度"按钮，设置主轴转速为 1000r/min，切削速度为 100mm/min。单击"刀轨生成"按钮，生成如图 3-115 所示刀具轨迹。

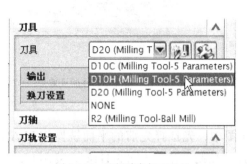

图 3-112　选择清角加工刀具　　　　图 3-113　设置清角加工切削层

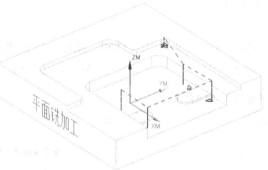

图 3-114　设置参考刀具　　　　图 3-115　清角加工刀具轨迹

（3）精铣侧面

1）创建精铣侧面程序。把平面铣操作 PLANAR_MILL 复制并粘贴在清角加之后，再将其改名为 JXCM_MILL，如图 3-116 所示。

2）创建精铣侧面操作。双击导航器中 JXCM_MILL 程序，在"平面铣"对话框中的"刀具"下拉框中将刀具改成用于精铣侧面的 D10C；在"方法"下拉框中将加工方法改成"MILL_FINISH"；在"切削模式"下拉框中改成 轮廓，如图 3-117 所示。

单击"切削层"按钮 ，将"切削层"对话框中的"类型"改为"临界深度"。单击"进给率和速度"按钮 ，设置主轴转速为 2000r/min，切削速度为 100mm/min。单击"刀轨生成"按钮 ，生成如图 3-118 所示刀具轨迹。

图 3-116　创建精铣侧面程序

图 3-117　精铣侧面参数设置

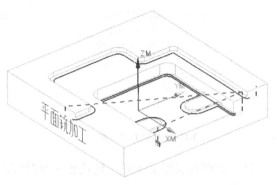

图 3-118　精铣侧面刀轨

（4）精铣底平面

1）创建精铣底平面程序。把平面铣操作 PLANAR_MILL 复制并粘贴在精铣侧面加工之后，再将其改名为 JXDPM_MILL，如图 3-119 所示。

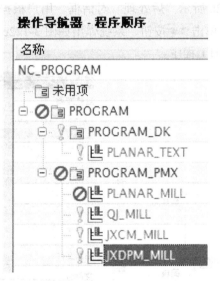

图 3-119　创建精铣底面程序

2）创建精铣底平面操作。双击导航器中 JXDPM_MILL 程序，在"平面铣"对话框中"刀具"下拉框中将刀具改成用于精铣底平面的 D10C；在"方法"下拉框中将加工方法改成"MILL_FINISH"；在"切削模式"下拉框中改成　跟随周边。

单击"切削层"按钮　，将"切削层"对话框中的"类型"改为"底面及临界深度"。单击"进给率和速度"按钮　，设置主轴转速为 2000r/min，切削速度为 100mm/min。

单击"刀轨生成"按钮　，生成如图 3-120 所示刀具轨迹。单击"确认"按钮　，在系统弹出的"刀轨可视化"对话框中进行 2D 动态仿真，实体验证效果如图 3-121 所示。

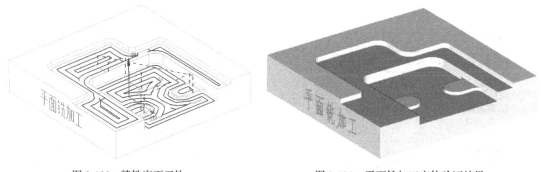

图 3-120　精铣底面刀轨　　　　图 3-121　平面铣加工实体验证效果

注：此例在实际加工时，精铣底平面时可以连侧平面一起进行精铣，可不必另创建精铣侧面操作。

3.4.3　后置处理

下面以雕刻程序 PROGRAM_DK 为例介绍数控程序的后置处理，平面铣程序 PROGRAM_PMX 后置处理的步骤与之相同。

右键单击操作导航器—程序顺序中的雕刻程序 PROGRAM_DK ，选择 后处理，如图 3-122a 所示；系统弹出如图 3-122b 所示"后处理"对话框。用户根据实际情况选择"后处理器"、"文件名"和"单位"后，单击 确定 按钮，系统弹出如图 3-122c 所示警告框，单击 确定 按钮，生成如图 3-122d 所示数控加工程序。

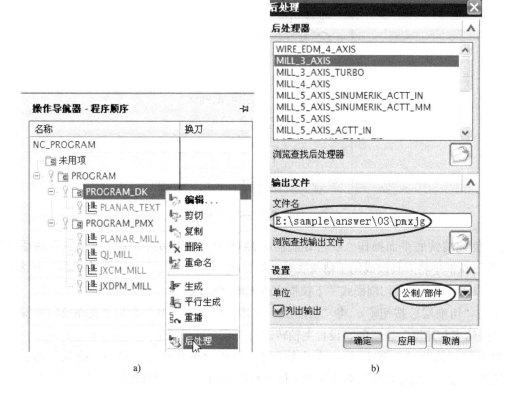

a)　　　　　　　　　　　　　　　　　b)

图 3-122　后置处理

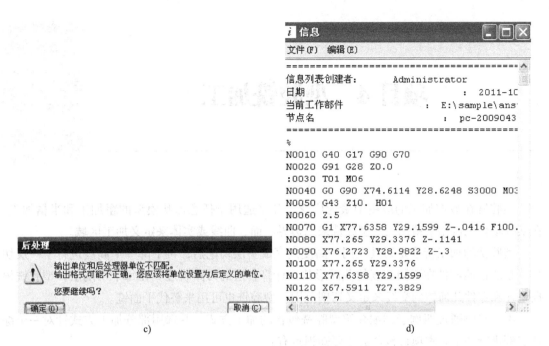

c)　　　　　　　　　　　　　　　d)

图 3-122　后置处理（续）

3.5　项目小结

本项目详细介绍了典型平面类零件加工的全过程，并针对平面铣加工的不同加工方式给出了相应的加工实例，读者在使用平面铣加工模块时需要注意以下几点：

1）在创建平面铣粗加工、清角加工、精加工时，可通过复制、粘贴、重命名某一操作，来创建其他操作。这样可以省去很多重复选取几何体、加工边界、参数设置等工作。

2）灵活运用平面铣的"切削层"选项可实现零件的分层切削、底面精加工等功能。

3）在切削参数—空间范围选项卡中，通过"处理中的工件"中的"参考刀具"可以确定清角加工边界。

4）在大多数情况下，可以不要轮廓精加工，因为底面精加工时刀具会沿轮廓铣一刀。

5）创建边界几何体时，要注意"刀具位置"和"材料侧"。简单来说，部件几何体中的"材料侧"就是不能被加工的一侧，毛坯几何体中"材料侧"就是需加工掉的部分。

6）平面铣可用型腔铣代替。

项目 4　型腔铣加工

4

型腔铣在数控加工的应用中最为广泛，几乎适用于任意形状模型的粗加工和半精加工，在某些场合也可用于精加工。型腔铣采用边界、面、曲线或实体来定义加工区域。

型腔铣的加工特征是刀具在同一高度内完成一层切削后，再下降一个高度进行下一层切削。系统按照零件在不同高度的截面形状，计算各层的刀路轨迹。在每个切削层，型腔铣根据毛坯和零件几何体的交线来定义切削范围。型腔铣也可用来替代平面铣。

本项目将通过四例子详细介绍型腔铣包含的加工方式，并选用部分加工方式针对一个综合实例进行加工。本项目包含的主要知识点有：

➢ 型腔铣子类型。

➢ 切削层的概念与使用。

➢ 切削参数—策略选项卡。

➢ 型腔铣。

➢ 插铣。

➢ 剩余铣。

➢ 等高轮廓铣。

4.1　项目描述

打开下载文件 sample/source/04/xqxjg.prt，完成如图 4-1 所示零件的加工，已知毛坯尺寸为 150mm×120mm×60mm，零件材料为 40Cr，经调质处理。

图 4-1　型腔铣加工

4.2 项目分析

1. 加工方案

本项目为典型的型腔加工，模型毛坯为长方体，需加工的部位为一个矩形槽和一个四周带斜度的型腔，加工余量较大。

粗加工可先选用较大直径的刀具快速去除大部分余量；再选择直径较小的刀具二次开粗，去除残料；精加工时可选用直径较小的刀具加工型腔四周斜壁；最后，选用直径适中的刀具精铣矩形槽与型腔底平面。

2. 刀具及切削用量选取

由于零件材料为 40Cr，可选用硬质合金的刀具（刀片）。加工刀具及切削用量见表 4-1。

表 4-1 型腔铣加工刀具及切削用量

加工工序		刀具与切削参数					
序号	加工内容	刀具规格			主轴转速 /(r/min)	进给率 /(mm/min)	最大切削深度 /mm
		刀号	刀具名称	材料			
1	首次开粗	T1	φ20R2 立铣刀 （机夹式）	硬质合金 （刀片）	2000	400	0.5
2	二次开粗	T2	φ12 立铣刀	硬质合金	3000	300	0.5
3	精铣型腔斜壁	T3	R5 球头刀	硬质合金	5000	1000	0.1
4	精铣矩形槽及型腔底面	T4	φ10 立铣刀	硬质合金	2000	200	0.3

3. 项目难点

1）型腔铣子类型的功能与区别。

2）型腔铣中加工参数的含义与选取。

3）选用合适的加工方式、工艺路线完成零件的加工。

4.3 型腔铣加工实例

4.3.1 加工子类型

单击标准工具栏中的【开始】→【加工】，在弹出的"加工环境"对话框中选择 **CAM 会话配置**为 cam_general，**要创建的 CAM 设置**选择 mill_contour，单击 确定 进入加工界面。

单击"创建操作"按钮 ，系统弹出如图 4-2 所示的"创建工序"对话框，其中矩形框内为型腔铣加工子类型。

4.3.2 加工几何体

如图 4-3 所示，型腔铣的加工几何体包括：指定部件、指定毛坯、指定检查、指定切削区域和指定修剪边界五类。其中，几何体和指定修剪边界与平面铣相似。

1. 部件几何体

型腔铣的部件几何体即待加工零件的几何形状，部件几何体是系统计算刀轨最为重要的依据。

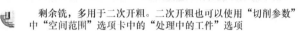
型腔铣，在刀具路径的同一高度内完成一层切削，遇到干涉将会自动绕过，再下降一个高度进行下一层切削

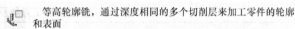
插铣，刀具只做像钻孔一样的轴向进给，当加工区域较深时，插铣法比型腔铣拥有更高的效率

角落粗加工，用于去除拐角、凹角处的余量

剩余铣，多用于二次开粗。二次开粗也可以使用"切削参数"中"空间范围"选项卡中的"处理中的工件"选项

等高轮廓铣，通过深度相同的多个切削层来加工零件的轮廓和表面

等高清角，用等高轮廓铣的方式清除角部余量

图 4-2　型腔铣子类型

2. 毛坯几何体

型腔铣的毛坯几何体是被加工零件的毛坯几何形状，系统根据毛坯几何体与部件几何体的差异，来确定加工余量，生成刀路轨迹。

毛坯几何体可通过"毛坯几何体"对话框来设定，对于不规则的毛坯形状，也可通过装配功能调入指定模型作为毛坯。

3. 切削区域

型腔铣可通过选取面、片体或曲面区域定义切削区域。当毛坯设置超过切削区域时，可通过 Cut Area Extension 放大切削区域。

图 4-3　"型腔铣—几何体"对话框

4.3.3　刀轨设置

如图 4-4 所示，型腔铣操作中，刀轨及参数设置基本与平面铣相同，下面仅对不同的参数进行说明。

1. 切削层

型腔铣以平面或层的方式切削几何体，为了使型腔铣削后的余量均匀，可以定义多个切削区间，每个切削区间的切削深度可以不同。如图 4-5 所示，对于陡峭的曲面（范围 1），每层切削深度可以略大一些，对于平坦的曲面（范围 2），每层切削深度应该略小一点。

切削层最高值默认为部件、毛坯或切削区域的最高点。若在定义切削区域时没有定义毛坯，则默认上限是切削区域的最高点。

图 4-4　"型腔铣—刀轨设置"对话框

定义切削区域后，最低范围的默认下限为切削区域底部，若没有定义切削区域，最低范围下限将是部件或毛坯几何体的底部最低点。

（1）切削层的标识　切削层的标识如图4-6所示。图4-6中，大三角形表示切削范围。小三角形表示每层切削深度，在每个切削范围内，每刀切削深度可以不同。

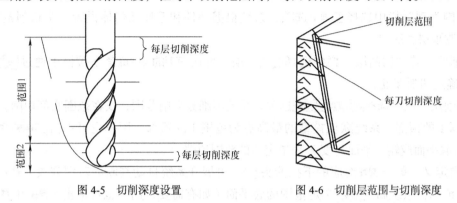

图4-5　切削深度设置　　　　　　图4-6　切削层范围与切削深度

（2）切削层对话框　单击"切削层"按钮📚，系统弹出如图4-7所示"切削层"对话框。

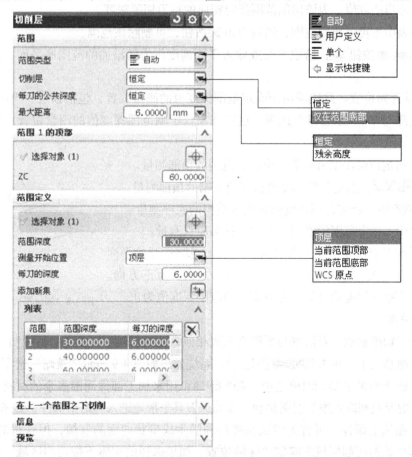

图4-7　"切削层"对话框

1）范围类型。"范围类型"栏中选择📚自动选项，系统将范围设置为与任何水平面对齐。

这些是部件的临界深度，只要没有添加或修改局部范围，切削层始终保持与部件的关联性，系统将检测部件上新的水平面，并添加临界层与之匹配。

若"范围类型"栏中选择 用户定义 选项，通过用户定义的每个底平面生成范围。通过用户选择的面定义的范围将保持与部件的关联性，但不会检测新的水平表面。

若"范围类型"栏中选择 单个 选项，系统根据部件和毛坯几何体设置一个切削范围，并且只能修改顶层和底层。

2）切削层。若"切削层"栏中选择 恒定 选项，可在 每刀的公共深度 下拉框中通过 恒定 或 残余高度 来确定切削深度。

若"切削层"栏中选择 仅在范围底部 选项，系统不细分切削范围，仅在范围底部切削。

3）范围1的顶部。系统默认模型的最高点为范围1的顶部，用户也可单击 选择对象 (1) 按钮 ，拾取平面或输入平面高度 Z 来指定新的范围顶部。

4）范围定义。单击 列表 对应的下拉箭头 ，可展开系统自动判断的范围列表，选中列表中的任一范围，系统高度显示选定范围的底平面（如有需要，用户也可单击 选择对象 (1) 按钮 ，拾取指定的平面或输入平面高度来重新定义底平面），用户也可在 每刀的深度 对应的文本框中输入适当的数值，为该切削范围指定相应的每刀切削深度。

选中列表中不再需要的范围，然后单击 按钮，可删除该范围。

单击 添加新集 按钮 ，拾取平面或输入平面高度作为新添加的范围底平面，从而可增加新的范围。

5）测量开始位置。此选项用于确定范围深度值的测量位置，包括顶层、当前范围顶部、当前范围底部与 WCS 原点四个选项。这些选项仅影响范围深度值的测量位置，并不影响用点或面定义的范围。

顶层：指定范围深度值从第一个切削范围的顶部测量。

当前范围顶部：指定范围深度值从当前范围的顶部测量。

当前范围底部：指定范围深度值从当前范围的底部测量。

WCS原点：指定范围深度值从工作坐标系原点测量。

测量平面及范围深度关系如图4-8所示，当测量开始平面为3，刀轴方向为4时，方向1为负方向，方向2为正方向。即方向1上的范围深度值为负，方向2上的范围深度值为正。

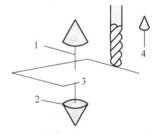

图4-8　测量平面及范围深度关系

2. 切削参数

型腔铣"切削参数"对话框与平面铣大致相似，此处仅对不同参数进行说明。

（1）策略选项卡　单击 切削参数 按钮 ，系统弹出如图4-9所示"策略"选项卡，与平面铣相比，此选项卡多了 在边上延伸 选项。在边上延伸 可用来加工部件周围多余的材料，还可以使用它在刀轨的起点和终点添加切削移动，以确保刀具平滑地进入和退出部件，如图4-10所示。

使用"在边上延伸"可省去尝试在部件周围生成带状曲面的麻烦，但获得的效果相同。系统将根据所选的切削区域来确定边缘的位置。如果选择的实体不带切削区域，则没有可延伸的边缘。如图4-11所示，拾取工件上表面作为切削区域后，生成的"在边上延伸"的刀具轨迹。

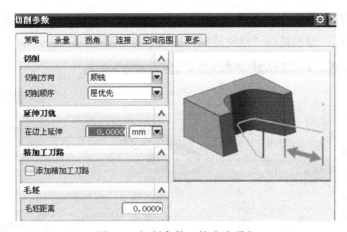

图 4-9　切削参数—策略选项卡

图 4-10　部件顶部延伸曲面

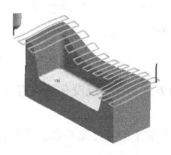

图 4-11　延伸曲面时生成的刀轨

如图 4-12 所示，如果延伸曲面的延伸超出了指定切削层的边界，则不会在这些切削层的外部生成刀轨。

如图 4-13 所示，边缘延伸了，然而部件顶部没有切削，因为超出了切削层范围。这表示必须进一步增大切削层范围。要切削部件之上的延伸部分，必须通过手工调整提高顶层切削层范围。如图 4-14 所示，切削范围的顶层已提高到部件顶部之上，以便在延伸部分之上生成刀具轨迹。

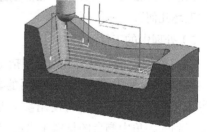

图 4-12　不延伸时的原始刀轨

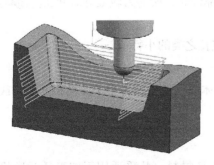

图 4-13　切削层没有调整时的延伸刀轨

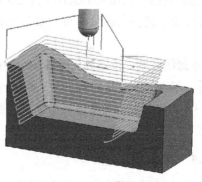

图 4-14　切削层调整后的延伸刀轨

（2）空间范围选项卡　单击图 4-9 中的"空间范围"选项卡，系统弹出如图 4-15 所示"切削参数"对话框，型腔铣的"空间范围"选项卡与平面铣的不尽相同。

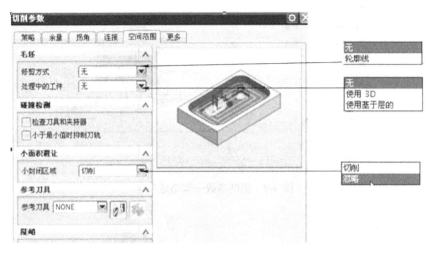

图 4-15　切削参数—空间范围选项卡

1）修剪方式。在系统没有明确定义"毛坯几何体"的情况下识别出型芯部件的"毛坯几何体"。

无：如果加工的零件是型芯，并且没有指定"毛坯几何"，选择"无"选项不能正确生成刀具路径。

轮廓线：容错加工打开，通过在每一个切削层上，首先使刀具沿零件几何的外形轮廓铣削，然后向外偏置一个刀具半径值创建一条轨迹，由这条轨迹定义毛坯。使用此选项可不定义"毛坯几何"。

2）处理中的工件。

无：直接使用几何父节点组中指定的毛坯几何来生成刀轨。

使用 3D：使用前道工序加工后的剩余材料作为当前操作的毛坯几何。必须在父节点组中指定毛坯几何。此选项也可使用参考刀具功能。使用参考刀具功能可以自动加工上一个刀具未加工到的拐角中剩余的材料（当前刀具直径比参考刀具直径要小）。

使用基于层的：使用先前操作中的 2D 切削区域来确定剩余材料，此选项可以高效地切削先前操作中留下的拐角和阶梯面。加工大型复杂部件时，所需刀轨处理时间比使用 3D 大大减少。

3）小封闭区域。指定如何处理较小的腔体或孔之类的小特征。

切削：不论腔体和孔的大小，一律进行加工。

忽略：选择此项，需指定一个最大的忽略腔体或孔的面积，小于此面积的腔体或孔不再进行加工。

4.3.4　型腔铣

型腔铣主要用于粗加工，可以切除大部分毛坯材料，几乎适用于加工任意形状的几何体，可以应用于大部分零件的粗加工和直壁或斜度不大的侧壁的半精加工。

例1：运用型腔铣操作完成如图4-16b所示零件的粗加工，毛坯形状如图4-16a所示。

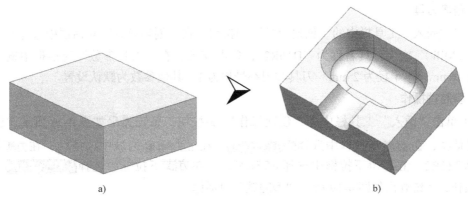

图4-16　区域表面铣

1. 打开部件文件进入加工模块

1）打开下载文件 sample/source/04/xqx.prt，如图4-16b所示模型被调入系统。

2）单击下拉菜单 ![开始] → ![加工(N)]，在系统弹出的"加工环境"对话框中，将**要创建的 CAM 设置**设置为 mill_contour，单击 确定，进入加工环境。

2. 创建几何体

（1）坐标系与安全平面设置　在操作导航器的空白处右键单击，选择几何视图按钮 ![] 几何视图，双击坐标节点 ⊕ ![MCS_MILL]，系统弹出 "Mill Orient" 对话框，单击对话中的"指定 MCS"按钮 ![]，系统弹出"坐标构造器"对话框，此处选择 ![动态]。在工作界面的浮动坐标原点框中输入 X 值为 75，Y 值为 60，Z 值为 50，并单击"确定"，如图4-17a所示。坐标系从工件左下角中心位置移至工件上表面中心位置，如图4-17b所示。

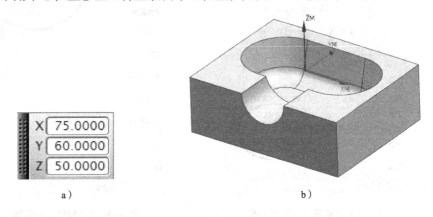

图4-17　确定工件坐标系

（2）创建部件和毛坯几何体

1）部件几何体设定。双击坐标节点 ⊕ ![MCS_MILL] 下的 ![] WORKPIECE 节点，系统弹出"铣削几何体"对话框，单击**指定部件**按钮 ![]，系统弹出"部件几何体"对话框，单击对话框中的**全选**或单击工作界面中的实体模型，最后单击 确定 完成部件几何体的创建。

2）毛坯几何体设定。单击 指定毛坯 按钮 ⬡，在"毛坯几何体"对话框的类型下拉框中选择 🔲 包容块，参数均为默认设置。

3. 创建刀具

单击"插入"工具栏中的"创建刀具" 🔧 按钮，在"创建刀具"对话框中选择刀具子类型为 🔧（Mill），输入刀具名称为"D16R2"，单击 确定，在"刀具参数"对话框中输入刀具直径为 16mm，下半径为 2 mm，刀具和刀补号均为 1，其他参数为默认设置。

4. 型腔铣操作

1）单击"插入"工具栏中的"创建操作" 🔧 按钮，系统弹出如图 4-18 所示"创建工序"对话框，在 类型 下拉框中选择 mill_contour，在 工序子类型 区域中选择 🔧，在 刀具 下拉框中选择 D16R2，在 几何体 下拉框中选择 WORKPIECE，在 方法 下拉框中选择 MILL_ROUGH。单击 确定 按钮，系统弹出如图 4-19 所示"型腔铣"对话框。

2）设置"切削模式"为 🔲 跟随周边，"步距"为刀具直径的 60%，"每刀的公共深度"为 1.5mm。

图 4-18 "创建工序"对话框

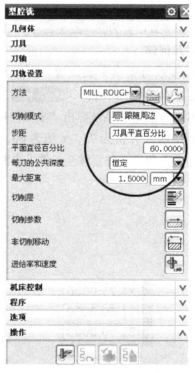

图 4-19 "型腔铣"对话框

3）单击"进给率和速度"按钮 🔧，在弹出的对话框中设置主轴转速为 2500r/min，切削速度为 400mm/min，其他参数均为默认设置。

4）单击"刀轨生成"按钮 🔧，生成如图 4-20 所示刀轨，单击"确认"按钮 🔧，在系统弹出的"刀轨可视化"对话框中进行"2D 动态"仿真，实体验证效果如图 4-21 所示。

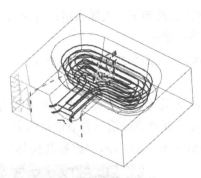
图 4-20　"型腔铣"刀轨

图 4-21　"型腔铣"实体验证效果

4.3.5　插铣

插铣加工是一种特殊的铣削加工，该加工方式的原理是：刀具连续地上、下运动，快速大量地去除材料。在加工具有较深的立壁腔体零件时，常需要去除大量的材料，此时插铣加工比型腔铣更加有效。插铣时背向力较小，这样可以使用更为细长的刀具，而且能保持较高的切削速度，它是当前金属切削最为流行的加工方法之一。当加工难加工的曲面、铣槽以及刀具悬伸长度较大时，插铣法的加工效率远远高于常规的分层切削法。

1. 插铣的刀轨设置

插铣加工的刀轨设置如图 4-22 所示。

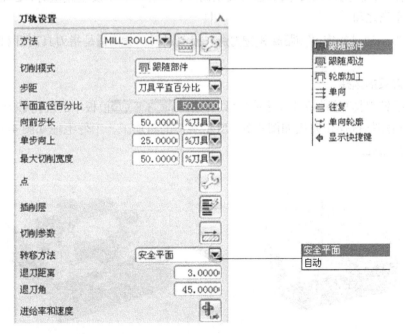
图 4-22　插铣"刀轨设置"对话框

（1）切削模式　在插铣操作中，"切削模式"有六种："往复"、"单向轮廓"、"单向"、"跟随周边"、"跟随部件"和"轮廓加工"。其中"轮廓加工"用于精加工，其他加工方式用于粗加工。

（2）向前步长　**向前步长**是指刀具从当前一次插入运动到下一次插入运动时向前移动的步长。可以指定刀具直径的百分比或者直接输入数值进行确定。

（3）单步向上　**单步向上**是指切削层之间的最小距离，用来控制插铣层的数目。可以指定刀具直径的百分比或者直接输入数值进行确定。

（4）最大切削宽度　**最大切削宽度**是刀具切削时的最大加工宽度。此参数用于限制步进距离和向前步进的距离值。可以指定刀具直径的百分比或者直接输入数值进行确定。

（5）点　单击**点**对应的编辑按钮 ⚙，系统弹出如图 4-23 所示"控制几何体"对话框，此对话框用于确定插铣进刀点及切削区域的起点。

图 4-23　"控制几何体"对话框

1）**预钻孔进刀点**：有两种方法生成预钻点，一种是加工时手动指定预钻点，另一种是由系统自动生成。自动生成的预钻点必须先完成插铣操作，然后生成点位加工操作，最后再把点位加工操作移至插铣操作之前。

2）**切削区域起点**：通过指定或默认的切削区域开始点，来定义刀具进刀位置与横向进给。

（6）转移方法

1）**转移方法**：用于指定每次进刀完毕后刀具退刀至设定的平面上，然后进行下一次的进刀。

2）**安全平面**：每次刀具都退至设置的安全平面高度。

3）**自动**：系统自动判断最低的退刀安全高度，即在刀具不发生碰撞时，Z 轴轴向高度和设置的安全距离之和。

（7）退刀　通过指定 **退刀距离** 和 **退刀角** 来控制退刀。**退刀角**是指刀具离开材料时刀具的倾角。

2. 插铣刀具的选择

大部分插铣刀具有倾斜刀片，插铣刀具可选用 **hole_making** 模板中的沉孔 ⚙ 刀具。

例 2：运用插铣操作完成如图 4-24b 所示零件的粗加工，工件毛坯如图 4-24a 所示，毛坯上已钻出预钻孔。

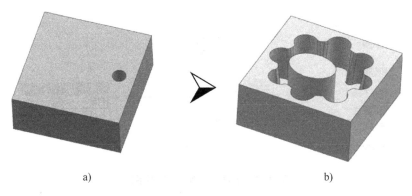

a)　　　　　　　　　　　　　　　b)

图 4-24　插铣

1. 打开文件进入加工模块

1）打开下载文件 sample/source/04/cx.prt，如图 4-24b 所示模型被调入系统。

2）单击下拉菜单  开始▼→ 加工(N)，在系统弹出的加工环境对话框中，将**要创建的 CAM 设置**设置为 mill_contour，单击 确定 ，进入加工环境。

2. 创建几何体

（1）工件坐标系与安全平面　坐标系与安全平面采用操作导航器 ⊕ MCS_MILL 节点中的默认方式。

（2）创建部件几何体与毛坯几何体

1）调入毛坯几何体。此处毛坯几何体是一个半成品，而不是简单的长方体。可借助装配功能来完成部件和毛坯几何体的创建。

单击装配工具栏中的"添加部件"按钮 ，系统弹出如图 4-25 所示"添加组件"对话框。单击**打开**按钮 ，系统弹出"打开部件名"对话框，选择下载文件 sample/source/04/cx_m.prt，**定位方式**选择**绝对原点**，单击 确定 ，如图 4-26 所示，毛坯零件被调入。

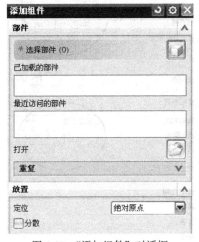

图 4-25　"添加组件"对话框

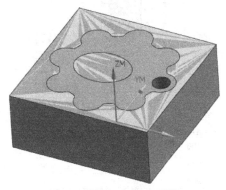

图 4-26　调入"毛坯"零件

2）创建毛坯几何体和部件几何体。双击坐标节点 ⊕ MCS_MILL 下的 WORKPIECE 节点，系统弹出"铣削几何体"对话框，单击**指定毛坯**按钮 ，系统弹出"毛坯几何体"对话框，选择 cx_m.prt 作为毛坯几何体。

单击"资源条"上的"装配导航器"按钮 ，系统弹出如图 4-27 所示选项框，将 ☑ cx_m 部件前的"红勾"取消，毛坯几何体便被隐藏。

单击**指定部件**按钮 ，系统弹出"部件几何体"对话框，选择 cx.prt 作为部件几体何，单击 确定 完成部件几何体的创建。

图 4-27　装配导航器

3. 创建刀具

单击"插入"工具栏中的"创建刀具" 按钮，在"创建刀具"对话框中，选择"类型"为 hole_making，选择刀具"子类型"为 （Counter_Sink），输入刀具名称为"D12_C"，单击 确定 ，按如图 4-28 所示设置刀具参数。

4. 创建操作

1）单击"插入"工具栏中的"创建操作" 按钮，系统弹出"创建操作"对话框，在

类型 下拉框中选择 mill_contour，在 **操作子类型** 区域中选择 🔲，在 **刀具** 下拉框中选择 D12_C，在几何体下拉框中选择 WORKPIECE，在 **方法** 下拉框中选择 MILL_ROUGH。单击 **确定** 按钮，系统弹出如图 4-29 所示"插铣"对话框。

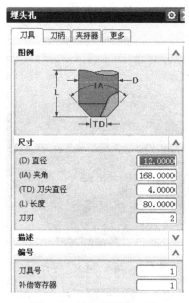

图 4-28　创建"插铣"刀具

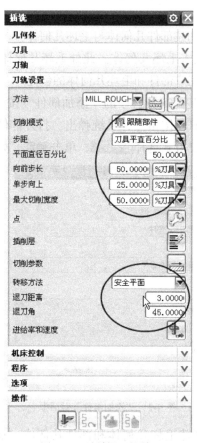

图 4-29　"插铣"对话框

2）按如图 4-29 所示设置刀轨参数。

3）单击 **点** 按钮 🔧，系统弹出如图 4-23 所示"控制几何体"对话框，单击 **预钻孔进刀点** 进刀点对应的 **编辑**，系统弹出如图 4-30 所示"预钻孔进刀点"对话框。单击 **一般点**，在弹出的"点构造器"对话框中输入坐标（70，0，80），并单击"确定"。

4）单击"进给率和速度"按钮 🔧，在弹出的对话框中设置主轴转速为 2000r/min，切削速度为 60mm/min，其他参数均为默认设置。

图 4-30　"预钻孔进刀点"对话框

5）单击"刀轨生成"按钮 ⚡，生成如图 4-31 所示刀轨，单击"确认"按钮 🔧，在系统弹出的"刀轨可视化"对话框中进行"2D 动态"仿真，实体验证效果如图 4-32 所示。

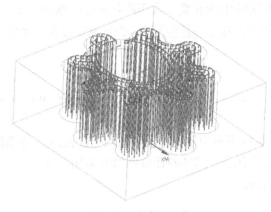

图 4-31　"插铣"刀轨

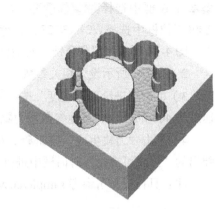

图 4-32　"插铣"实体验证效果

4.3.6　剩余铣

剩余铣一般用于二次开粗或半精加工。一般选用直径相对较小的刀具对之前粗加工后未去除的残料进行切削。

例 3：运用"剩余铣"功能完成如图 4-33b 所示零件的二次开粗，之前工件经"型腔铣"加工至如图 4-33a 所示。

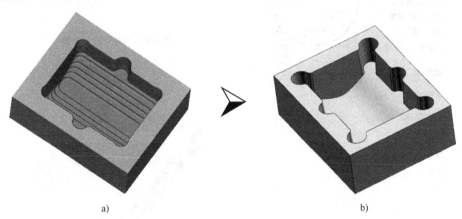

a)　　　　　　　　　　　　　　　　　　　b)

图 4-33　剩余铣

1. 打开文件进入加工模块

1）打开下载文件 sample/source/04/syx.prt，如图 4-33b 所示模型被调入系统。

2）单击下拉菜单 **开始** → **加工(N)**，在系统弹出的"加工环境"对话框中，将 **要创建的 CAM 设置** 设置为 mill_contour，单击 **确定**，进入加工环境。

2. 创建刀具

创建刀具名称为 D6，刀具直径为 6mm，刀具和刀补号均为 1，刀具类型为 （Mill）的平底刀。

3. 创建操作

1）单击"插入"工具栏中的"创建操作" 按钮，系统弹出"创建操作"对话框，在

类型下拉框中选择 mill_contour，在**操作子类型**区域中选择 🔧，在**刀具**下拉框中选择 D6，在几何体下拉框中选择 WORKPIECE，在**方法**下拉框中选择 MILL_ROUGH。单击 **确定** 按钮，系统弹出如图 4-34 所示的"剩余铣"对话框。

2）按图中所示设置相关参数。

3）单击"进给率和速度"按钮 🔧，在弹出的对话框中设置主轴转速为 3000r/min，剪切速度为 400mm/min，其他参数均为默认设置。

4）单击"刀轨生成"按钮 ▶，生成如图 4-35 所示刀轨，单击"确认"按钮 🔳，在系统弹出的"刀轨可视化"对话框中进行"2D 动态"仿真，实体验证效果如图 4-36 所示。

注：具体操作可参考 sample/answer/04/syx.prt。

图 4-34 "剩余铣"对话框

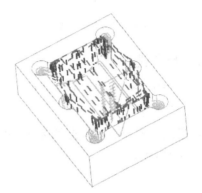

图 4-35 "剩余铣"刀轨

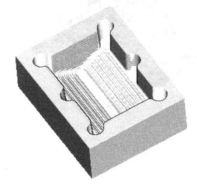

图 4-36 "剩余铣"实体验证效果

4.3.7 等高轮廓铣

等高轮廓铣是一种固定的轴铣削操作，通过多个切削层来加工零件表面轮廓。为限制切削区域，除了可以指定部件几何体外，还可以把切削区域几何体指定为部件几何体的子集。在没有指定切削区域时，系统对整个零件轮廓进行切削。

在生成刀轨过程中，系统将跟踪几何体，需要时检测部件几何体的陡峭区域，对形状进行排序，识别要加工的切削区域，以及在所有切削层都不过切的情况下对这些区域进行切削。

等高轮廓铣的"刀轨设置"对话框如图 4-37 所示，大部分参数与"型腔铣"相似，此处仅对不同参数进行说明。

1. 陡峭空间范围

当 陡峭空间范围 设置为 仅陡峭的 时，系统弹出 角度 文本框，用户根据实际需要输入角度值，只有陡峭角度大于指定"陡角"的区域才会被加工。当设置为 无 时，则整个部件均是加工区域。陡峭角度是由如图 4-38 所示刀轴与部件表面法向间的夹角所定义的。

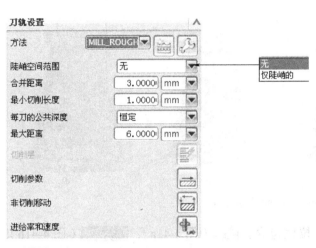

图 4-37 "刀轨设置"对话框

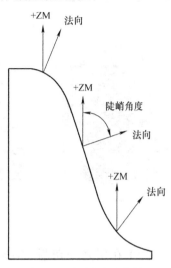

图 4-38 陡峭角度示意图

2. 合并距离

合并距离：指定不连续刀具轨迹被连接的最小距离。它可以消除刀具轨迹中较小的间隙，使轨迹更加连续。

3. 最小切削长度

最小切削长度：定义生成刀具轨迹时的最小段长度值。合适的最小切削长度可以消除部件岛屿区域内较小的刀具路径，当切削运动距离比指定最小切削长度值小时，系统不会在该处产生刀具轨迹。

4. 切削参数

切削参数选项中大多数与型腔铣相似，此处仅介绍"连接"选项卡。

单击 切削参数 按钮 ，在弹出的"切削参数"对话框中单击 连接 ，系统弹出如图 4-39 所示"连接"选项卡。

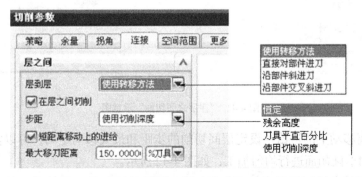

图 4-39 "切削参数"—"连接"选项卡

（1）层到层　层到层下拉框中包含：使用转移方法（图 4-40a）、直接对部件进刀（图 4-40b）、沿部件斜进刀（图 4-40c）和沿部件交叉斜进刀（图 4-40d）四种层间过渡。

其中：使用转移方法抬刀最多，效率最低；直接对部件进刀没有抬刀与过渡，效率最高；使用沿部件斜进刀和沿部件交叉斜进刀加工后的工件表面质量较高。

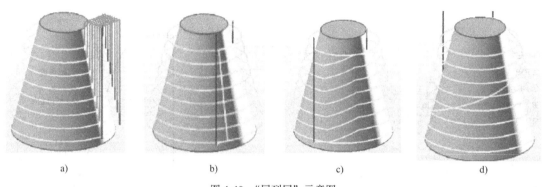

图 4-40　"层到层"示意图

（2）在层之间切削　在层之间切削下拉框包含：恒定（图 4-41a）、残余高度（图 4-41b）、刀具平直百分比（图 4-41c）和使用切削深度（图 4-41d）四个选项。精加工时一般选用残余高度进行设置。

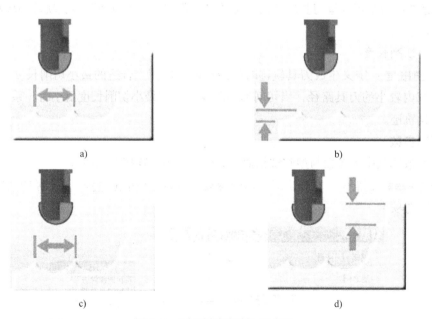

图 4-41　"在层之间切削"示意图

（3）短距离移动上的进给　设定层间切削的步距和最大移动距离，可以实现在进行深度轮廓加工时，对非陡峭面进行均匀加工，如图 4-42 所示。

例 4：运用等高铣加工完成如图 4-43b 所示零件的精加工，零件已经前道工序加工至如

图 4-43a 所示。

1. 打开文件进入加工模块

1）打开下载文件 sample/source/04/dgx.prt，如图 4-43b 所示部件模型被调入系统。

2）单击下拉菜单 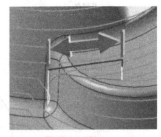 开始 → 加工(N)，在系统弹出的"加工环境"对话框中，将 **要创建的 CAM 设置** 设置为 mill_contour，单击 确定，进入加工环境。

2. 创建刀具

图 4-42 短距离移动上的进给

创建刀具名称为 R4，球直径为 8mm，刀具和刀补号均为 1，刀具类型为 （Ball）的球头刀。其他参数为默认设置。

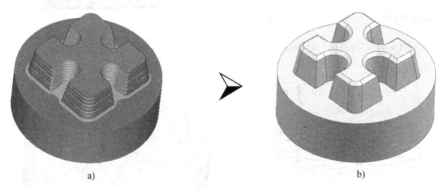

a)   b)

图 4-43 等高铣

3. 创建操作

1）单击"插入"工具栏中的"创建操作" 按钮，系统弹出"创建操作"对话框，在 **类型** 下拉框中选择 mill_contour，在 **操作子类型** 区域中选择 ，在刀具下拉框中选择 R4，在 **几何体** 下拉框中选择 WORKPIECE，在 **方法** 下拉框中选择 MILL_FINISH。单击 确定 按钮，系统弹出如图 4-44 所示"等高铣"对话框。

2）按图中所示设置相关参数。

3）单击 **切削层** 按钮 ，系统弹出如图 4-45 所示"切削层"对话框，选中的"范围列表"中的"范围 2"，单击 按钮将其删除。

4）单击"进给率和速度"按钮 ，在弹出的对话框中设置主轴转速为 3000r/min，剪切速度为 500mm/min，其他参数均为默认设置。

5）单击"刀轨生成"按钮 ，生成如图 4-46 所示刀轨，单击"确认"按钮 ，在系统弹出的"刀轨可视化"对话框中进行"2D 动态"仿真，实体验证效果如图 4-47 所示。

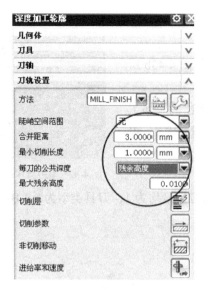

图 4-44 "等高铣"对话框

图 4-45 "切削层"对话框

图 4-46 "等高铣"刀轨

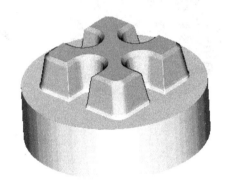

图 4-47 "等高铣"实体验证效果

4.4 项目实施

4.4.1 创建父级组

1. 打开文件进入加工环境

1）打开下载文件 sample/source/04/xqxjg.prt，如图 4-48 所示模型被调入系统。

2）单击下拉菜单 🎨 开始 · → ⚙ 加工(N)，在系统弹出的"加工环境"对话框中，将**要创建的 CAM 设置**设置为 mill_contour，单击 确定，进入加工环境。

2. 创建程序

单击"插入"工具栏中"创建程序"按钮 📷，系统弹出如图 4-49 所示"创建程序"对话框，在**程序**下拉框中选择"PROGRAM"，在**名称**栏中输入程序名称"PROGRAM_XQXJG"。

3. 创建刀具

单击"插入"工具栏中"创建刀具"按钮 📷，在"创建刀具"对话框中选择刀具子类型为 📷（Mill），输入刀具名称为"D20R2"，单击 确定。在"刀具参数"对话框中输入直径为

20mm，下半径为 2mm，刀具号为 1 号，刀具材料为 Carbide。其他为默认设置。

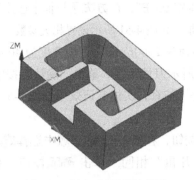

图 4-48　调入"型腔铣"部件

图 4-49　"创建程序"对话框

用相同的方法创建 2 号刀具：名称为 D12，直径为 12mm 的平底刀，材料为 Carbide；3 号刀具：名称为 R5，半径为 5mm 的球头刀，材料为 Carbide；4 号刀具：名称为 D16，直径为 16mm 的平底刀，材料为 Carbide。

4. 创建几何体

（1）坐标系与安全平面　在操作导航器的空白处右键单击，单击弹出的快捷菜单中的几何视图按钮 几何视图，双击坐标节点 MCS_MILL，系统弹出"Mill Orient"对话框。单击对话框中的"指定 MCS"按钮，系统弹出"坐标构造器"对话框，此处选择 动态。在工作界面的浮动坐标原点框中输入 X 值为 75，Y 值为 60，Z 值为 60，并单击"确定"（图 4-50a），坐标系从工件左下角中心位置移至工件上表面中心位置，如图 4-50b 所示。

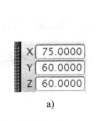

a)

b)

图 4-50　工件坐标系确定

（2）部件几何体设定　双击坐标节点 MCS_MILL 下的 WORKPIECE 节点，系统弹出"铣削几何体"对话框，单击指定部件按钮，系统弹出"部件几何体"对话框，单击全选或直接单击工作界面中的实体模型，完成部件几何体的创建。

（3）毛坯几何体设定　单击指定毛坯按钮，系统弹出的"毛坯几何体"对话框，在"类型"下拉框中选择 包容块，参数均为默认设置，完成毛坯几何体的创建。

4.4.2　创建操作

1. 首次开粗

1）单击"插入"工具栏中的"创建操作" 按钮，在弹出对话框的**类型**下拉框中选择

mill_contour，在**操作子类型**区域中选择 ，在**程序**下拉框中选择 "PROGRAM_XQXJG"；在**刀具**下拉框中选择 "D20R2"，在**几何体**下拉框中选择 "WORKPIECE"，在**方法**下拉框中选择 "MILL_ROUGH"。单击**确定**按钮，系统弹出 "型腔铣"对话框，按图 4-51 所示设置相关参数。

2）单击"进给率和速度"按钮 ，设置主轴转速为 2000r/min，切削速度为 400mm/min。

3）单击"刀轨生成"按钮 ，生成如图 4-52 所示刀具轨迹。单击"确认"按钮 ，在系统弹出的"刀轨可视化"对话框中进行"2D 动态"仿真，实体验证效果如图 4-53 所示。

2. 二次开粗

1）单击"插入"工具栏中的"创建操作" 按钮，在**操作子类型**区域中选择 ，在**刀具**下拉框中选择 "D12"，其他选项的设置与"首次开粗"相同。单击**确定**按钮，系统弹出"剩余铣"对话框，按图 4-54 所示设置相关参数。

图 4-51 "型腔铣"参数设置

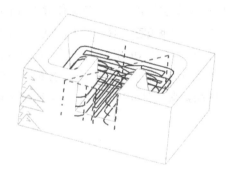

图 4-52 "型腔铣"刀轨

图 4-53 "型腔铣"实体验证效果

图 4-54 "剩余铣"对话框

2）单击"进给率和速度"按钮，设置主轴转速为 3000r/min，切削速度为 300mm/min。

3）单击"刀轨生成"按钮，生成如图 4-55 所示刀具轨迹。单击"确认"按钮，在系统弹出的"刀轨可视化"对话框中进行"2D 动态"仿真，实体验证效果图如图 4-56 所示。

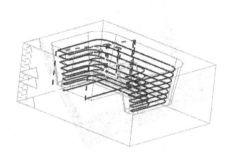

图 4-55　"剩余铣"刀轨

图 4-56　"剩余铣"实体验证效果

3. 精铣侧壁

1）单击"插入"工具栏中的"创建操作"按钮，在**操作子类型**区域中选择，在**刀具**下拉框中选择"R5"，在**方法**下拉框中选择""MILL_FINISH"。其他选项的设置与"首次开粗"相同。单击**确定**按钮，系统弹出"深度加工轮廓"对话框，按如图 4-57 所示设置刀轨参数。

2）单击**指定切削区域**按钮，拾取如图 4-58 所示型腔侧壁作为加工区域。

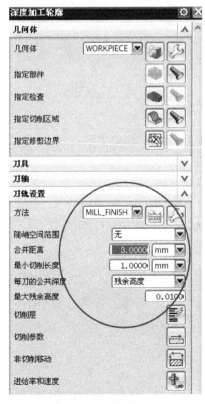

图 4-57　"深度加工轮廓"对话框

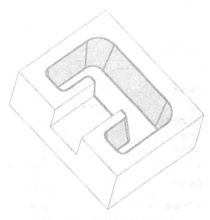

图 4-58　拾取侧壁加工区域

3）单击"进给率和速度"按钮，设置主轴转速为 5000r/min，切削速度为 1000mm/min。

4）单击"刀轨生成"按钮 ，生成如图 4-59 所示刀具轨迹。单击"确认"按钮 ，在系统弹出的"刀轨可视化"对话框中进行"2D 动态"仿真，实体验证效果如图 4-60 所示。

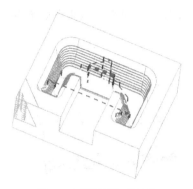

图 4-59　侧壁精加工刀轨　　　　　　　图 4-60　"侧壁精加工"实体验证效果

4. 精铣底平面

1）单击"插入"工具栏中的"创建操作" 按钮，在弹出对话框的 **类型** 下拉框中选择 mill_planar，在**操作子类型** 区域中选择 ，在**程序** 下拉框中选择"PROGRAM_XQXJG"，在**刀具** 下拉框中选择"D10"，在**几何体** 下拉框中选择"WORKPIECE"，在**方法** 下拉框中选择"MILL_FINISH"。单击 **确定** 按钮，系统弹出"表面铣"对话框，按如图 4-61 所示设置刀轨参数。

2）单击 **指定切削区域** 按钮 ，拾取如图 4-62 所示底平面作为加工区域。

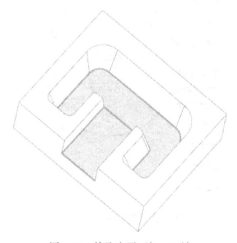

图 4-61　"表面铣"参数设置　　　　　　图 4-62　拾取底平面加工区域

3）单击"进给率和速度"按钮 ，设置主轴转速为 2000r/min，切削速度为 200mm/min。

4）单击"刀轨生成"按钮 ，生成如图 4-63 所示刀具轨迹。单击"确认"按钮 ，在系统弹出的"刀轨可视化"对话框中进行"2D 动态"仿真，实体验证效果如图 4-64 所示。

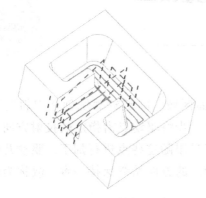

图 4-63 底平面精加工刀轨   图 4-64 "底平面精加工"实体验证效果

4.5 项目小结

本项目详细介绍了典型的型腔类零件加工的全过程，并针对型腔加工的不同加工子类型给出了相应的加工实例，读者在使用型腔铣加工模块时需要注意以下几点：

1）用户可以通过"切削层"功能为不同深度范围的型腔设置不同的吃刀量。

2）插铣加工的加工效率较高，但需使用特定的刀具，不能用一般的立铣刀和键槽铣刀代替，以防"烧坏"刀具端面。插铣时尽可能加工好预钻孔。

3）型腔铣加工一般应用于粗加工，第一道粗加工一般用较大直径的刀具快速去除工件材料，第二道粗加工或半精加工时，除可使用"剩余铣"功能外，还可灵活运用 IPW 功能。

4）等高轮廓铣可用作半精加工或精加工，等高轮廓铣时可把陡峭区域与非陡峭区域分开，分别针对陡峭区域和非陡峭区域进行加工，这样既方便参数设置，又可提高加工效率。

5）型腔铣后的底平面精加工，可使用"表面铣"功能。

项目 5　固定轮廓铣加工

5

固定轮廓铣一般用于半精加工或精加工曲面区域。固定轮廓铣创建刀轨需要两个步骤，第一步从驱动几何体上产生驱动点组，第二步将驱动点沿指定的投射方向投射到零件几何体上，同时检查刀位轨迹是否过切。刀具跟随这些点进行加工，驱动几何体可以由点、曲线、曲面等组成。因为刀具轴线与指定的方向始终保持一致，故称为固定轮廓铣。

固定轮廓铣的特点有：刀轴始终沿一个固定矢量方向采用三轴联动的方式进行切削；具有多种切削形式和进刀退刀控制，可投射空间点、曲线、曲面和边界等驱动几何进行加工；可作螺旋线切削、流线切削以及清根切削；非切削运动设置灵活。

固定轮廓铣较之前的加工方式多了几个重要概念，驱动点：由驱动几何体产生的，将按照投影矢量投影到部件几何体上的点；驱动几何体：用于产生驱动点的几何体，可以为点、曲线、曲面，也可以是已经生成的刀轨文件；驱动方式：驱动点产生的方式，某些驱动方法在曲线上产生一系列驱动点，有些驱动方法则在一定面积内产生阵列的驱动点；投影矢量：用于指引驱动点怎样投射到零件的表面。

本项目将通过 12 个小例子详细介绍固定轮廓铣所包含的驱动与加工方式，并选用部分加工（驱动）方式针对一个综合实例进行综合讲解。本项目包含的主要知识点有：

➢ 固定轮廓铣加工子类型。
➢ 部件几何体。
➢ 驱动方式 。
➢ 3D 轮廓铣 。
➢ 实体 3D 轮廓铣 。
➢ 综合运用各类驱动（加工）子类型完成模具型芯的加工。

5.1　项目描述

打开下载文件 sample/source/05/gdjjg.prt，完成如图 5-1 所示模具型芯的加工，已知毛坯尺寸为 175mm×165mm×68mm，零件材料为 S136 模具钢。

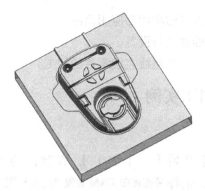

图 5-1　模具型芯加工

5.2　项目分析

1. 加工方案

本项目为模具型芯的加工，为简化编程省去了工艺孔和流道等，模型毛坯为长方体，此型芯由平面、斜面、型腔、沟槽与曲面组成。部分沟槽、型腔与曲面的区域较小，属于比较难加工的部分。

粗加工可先选用较大直径的刀具快速去除大部分余量；再选择直径较小的刀具二次开粗，去除残料。精加工可选用球头刀加工曲面部分、采用键槽铣刀加工平面部分。

2. 刀具及切削用量的选取

由于零件材料为 S136 模具钢，可选用硬质合金刀具（刀片）。本例刀具及切削用量选取见表 5-1。

表 5-1　刀具及切削用量选取

加 工 工 序		刀 具 与 切 削 参 数					
序号	加工内容	刀 具 规 格			主轴转速 /(r/min)	进给率 /(mm/min)	每刀吃刀量 /mm
		刀号	刀具名称	材料			
1	首次开粗	T1	φ26R2 立铣刀（机夹式）	硬质合金（刀片）	2000	400	2
2	二次开粗	T2	φ3 立铣刀	硬质合金	5000	1000	0.8
3	精铣尾部槽 两侧 L 形槽 精铣上方陡峭锥孔	T3	φ2 键槽铣刀	硬质合金	6000	300	1 1 0.1
4	精铣中间曲面槽 精铣上方槽 精铣导流管	T4	R1 球头刀	硬质合金	6000	200	0.1
5	精铣整体曲面	T5	R5 球头刀	硬质合金	4000	1000	0.2
6	精铣表平面	T6	φ6 键槽铣刀	硬质合金	3000	400	0.5
7	精铣底平面	T7	φ20 键槽铣刀	硬质合金	1500	300	0.5

3. 项目难点

1）固定轮廓铣加工子类型的功能与区别。

2）固定轮廓铣各种驱动方式的功能与应用范围。

3）固定轮廓铣加工参数的含义与设置。

4）选用合适的加工方式、工艺路线完成零件的加工。

5.3 固定轮廓铣加工实例

5.3.1 加工子类型

单击标准工具栏中的【开始】→【加工】，在弹出的"加工环境"对话框中选择 **CAM 会话配置**为 cam_general，选择**要创建的 CAM 设置**为 mill_contour，单击 确定 进入加工界面。

单击创建操作按钮 ，系统弹出如图 5-2 所示"创建工序"对话框，其中矩形框内为固定轮廓铣的加工子类型。

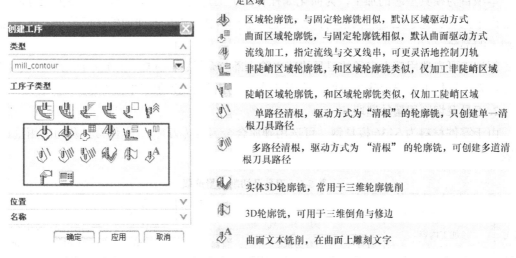

图 5-2 固定轮廓铣加工子类型

5.3.2 加工几何体

如图 5-3 所示，固定轮廓铣的加工几何体包括：指定部件、指定检查、指定切削区域三类。其中，指定检查和指定修剪边界与平面铣相似。

图 5-3 "固定轮廓铣"加工几何体

1. 指定部件

要加工的轮廓表面，通常直接选择零件被加工后的实际表面。零件几何体可以是实体或片体、实体表面或表面区域。直接选择实体或实体表面作为零件几何，可以保持加工刀轨与这些表面之间的相关性。

2. 指定检查

用于指定在切削过程中刀具不能涉及的区域和几何对象，如零件壁、岛、夹具等，系统将使刀具自动避开指定检查，进入下一个安全切削位置。

3. 指定切削区域

每个切削区域都是零件几何的一个子集，若不指定切削区域，则把整个零件作为切削区域。

5.3.3 驱动方法

驱动方法用于定义创建刀轨时的驱动点，有些驱动方法沿指定曲线定义一串驱动点，有些驱动方法则在指定的边界内或指定的曲面上定义驱动点阵列。若未指定零件几何，则直接由驱动点创建刀轨；若指定了零件几何，则将驱动点沿投影方向投射到零件几何上创建刀轨。

如图 5-4 所示，固定轮廓铣的驱动方法包含：曲线 / 点、螺旋式、区域铣削、曲面、流线、刀轨、径向切削、清根等驱动方式。

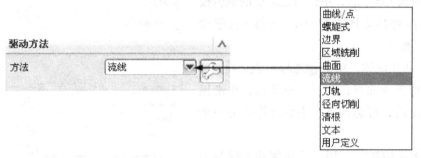

图 5-4 固定轮廓铣的驱动方法

1. 曲线 / 点

当选择点作为驱动方法时，将沿着所选点间用直线段创建驱动路径；当选择曲线作为驱动方法时，则沿着所选曲线产生驱动点。

如图 5-5 所示，当依次选择点 1、2、3、4 作为驱动时，系统在曲面上投影生成 $A \rightarrow B \rightarrow C \rightarrow D$ 所示刀轨。

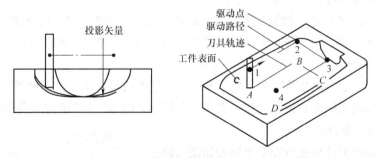

图 5-5 "点"驱动

如图 5-6 所示，当选择图示驱动曲线时，系统在曲面上投影生成与之方向相同、形状相似的刀轨。

选择点或曲线作为驱动方法后，会在图形窗口显示一个矢量方向，表示默认的切削方向，对于开口曲线，靠近选择曲线的端点是刀具轨迹起始处；对于封闭曲线，开始点和切削方向由线段的次序决定。曲线 / 点驱动方法常用于曲面上加工沟槽。

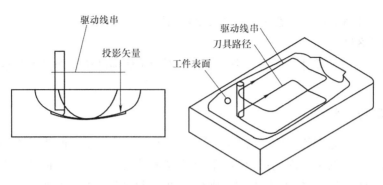

图 5-6 "曲线"驱动

（1）"曲线 / 点驱动方法"对话框 驱动方法选择"曲线 / 点"后，单击与之对应的编辑按钮 🔧，系统弹出如图 5-7 所示"曲线 / 点驱动方法"对话框。

1）驱动几何体。单击 选择曲线 按钮 🖊，可选择一条或多条曲线作为一个驱动组，单击鼠标中键确定后，可选择下一串曲线作为另一个驱动组。

单击 反向 按钮 ✖，用于反转驱动曲线与刀轨生成的方向。

2）驱动组设置。勾选 ☑ 定制切削进给率 复选框，可为驱动曲线组列表中的不同驱动组设置不同的进给率。

选中列表中的"驱动组"，单击 ✖ 按钮可将其删除；单击 ⬆ 按钮可将其上升一个序列。

图 5-7 "曲线 / 点驱动方法"对话框

3）切削步长。切削步长 控制切削方向上驱动点之间的距离。在"曲面驱动"方式下，切削步长是特别重要的。指定的"驱动点"越多，则"刀轨"和"刀轴"跟随"驱动曲面"的轮廓越精确。切削步长有 公差 和 数量 两种指定方式。

公差：允许指定"内公差"和"外公差"值。这些值可定义"驱动曲线"和两个连续驱动点间延伸的直线之间允许的最大法向距离，如图 5-8 所示。如果此法向距离不超出指定的公差值，则生成"驱动点"。

数量：指定在刀轨生成过程中要沿着切削刀路创建的"驱动点"的最小数目。如果需要，系统会自动创建附加点，以使刀轨在指定的"部件表面内公差 / 外公差"值范围内沿着"部件表面轮廓"移动。

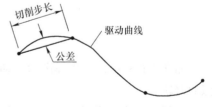

图 5-8 切削步长

（2）曲线 / 点驱动示例

例 1：运用"曲线 / 点驱动"在图 5-9 所示曲面上铣槽，零件几何体、刀具（R3 球头刀）已设置完成。

1）单击打开下载文件 sample/source/05/curve&point.prt，如图 5-9 所示部件模型被调入系统。

2）单击下拉菜单 ⚡ 开始▾→ 🔧 加工(N)，在系统弹出的"加工环境"对话框中，将**要创建的 CAM 设置**设置为 mill_contour，单击 确定，进入加工环境。

3）单击"插入"工具栏中的"创建操作" 🔧 按钮，系统弹出"创建操作"对话框，在**类型**下拉框中选择 mill_contour，在**操作子类型**区域中选择 ⬇，在**刀具**下拉框中选择 R3，在几何体下拉框中选择 WORKPIECE，在**方法**下拉框中选择 MILL_FINISH。单击 确定 按钮，系统弹出如图 5-10 所示"固定轮廓铣"对话框。

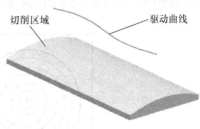

切削区域　　　　驱动曲线

图 5-9　"曲线／点"示例

4）单击"指定切削区域"按钮 📖，按图 5-9 所示拾取零件上表面作为切削区域。

5）选择驱动方法为 曲线/点，在"曲线／点驱动方法"对话框中单击 选择曲线按钮 ⌒，拾取如图 5-9 所示样条曲线作为驱动。

6）单击"切削参数"按钮 ⟹，在"余量"选项卡中设置"部件余量"为 −3mm；单击"进给率和速度"按钮 🔧，设置主轴转速为 2000r/min，切削率为 100mm/min。

7）单击"刀轨生成"按钮 🔧，生成如图 5-11 所示刀具轨迹。单击"确认"按钮 🔧，在系统弹出的"刀轨可视化"对话框中进行"2D 动态"仿真，实体仿真效果如图 5-12 所示。

图 5-10　"固定轮廓铣"对话框

图 5-11　"曲线／点驱动"示例刀轨

图 5-12　"曲线／点驱动"实体仿真效果

2. 螺旋驱动

如图 5-13 所示，螺旋驱动是以螺旋线形状从中心线处生成驱动点，然后沿刀轴方向投射到零件几何上形成刀轨。一般用于加工旋转形或近似于旋转形的表面区域。

螺旋驱动方法创建的刀具路径，在从一条切削路径向下一条切削路径过渡时，没有横向进刀，也不存在切削方向上的突变，而是光顺地、持续地向外螺旋展开过渡，因为这种驱动方法能保持恒定切削速度的光顺运动，所以特别适合于高速加工。

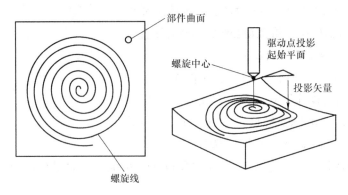

图 5-13 "螺旋驱动"图示

（1）螺旋驱动方法对话框 驱动方法中选择"螺旋"后，单击与之对应的编辑按钮，系统弹出如图 5-14 所示"螺旋驱动"方法对话框。

指定点用于指定螺旋中心点位置，**最大螺旋半径**用于确定螺旋线最外沿半径，**步距**有**恒定**和**刀具平直百分比**两种方式。**切削方向**有**顺铣**和**逆铣**两种方式。

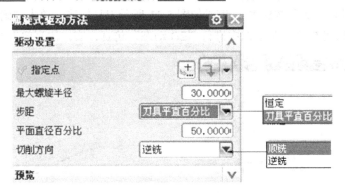

图 5-14 "螺旋式驱动方法"对话框

（2）螺旋驱动示例

例 2：运用"螺旋驱动"完成如图 5-15a 所示曲面的精加工，零件已粗加工至如图 5-15b 所示，刀具（R10 球头刀）已设置完成。

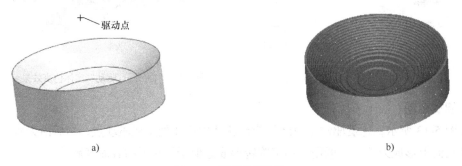

图 5-15 螺旋驱动示例

1）单击打开下载文件 sample/source/05/spiral.prt，如图 5-15a 所示部件模型被调入系统。

2）单击下拉菜单 开始▾→加工(N)，在系统弹出的"加工环境"对话框中，将**要创建的 CAM 设置**设置为 `mill_contour`，单击 **确定**，进入加工环境。

3）单击"插入"工具栏中的"创建操作" 按钮，系统弹出"创建操作"对话框，在 **类型** 下拉框中选择 `mill_contour`，在 **操作子类型** 区域中选择 ，在刀具下拉框中选择 `R10`，在 **几何体** 下拉框中选择 `WORKPIECE`，在方法下拉框中选择 `MILL_FINISH`。单击 **确定** 按钮，系统弹出"固定轮廓铣"对话框。

4）选择驱动方法为 `螺旋式`，在"螺旋驱动"对话框中单击 ✔ **指定点**，拾取如图 5-15a 所示点作为驱动。

5）单击"进给率和速度"按钮 ，设置主轴转速为 5000r/min，切削率为 1000mm/min。

6）单击"刀轨生成"按钮 ，生成如图 5-16 所示刀具轨迹。单击"确认"按钮 ，在系统弹出的"刀轨可视化"对话框中进行"2D 动态"仿真，仿真效果如图 5-17 所示。

图 5-16 　"螺旋驱动"刀轨　　　　　　　图 5-17 　"螺旋驱动"实体仿真效果

3. 边界驱动

如图 5-18 所示，边界驱动是通过指定的边界和内环来定义切削区域，边界与零件表面现象的形状与尺寸无关，但环必须符合零件表面的外边缘。边界驱动方法与平面铣的工作过程非常相似，用边界、内环或两者联合来定义切削区域，从定义的切削区域、沿指定的投射矢量方向、把驱动点投射到零件几何表面上，来创建刀具路径。

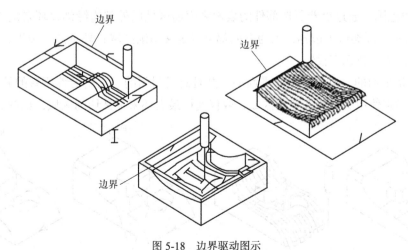

图 5-18 　边界驱动图示

（1）"边界"方法对话框　驱动方法中选择"边界"后，单击编辑按钮 ，系统弹出如

图 5-19 所示"边界驱动方法"对话框。

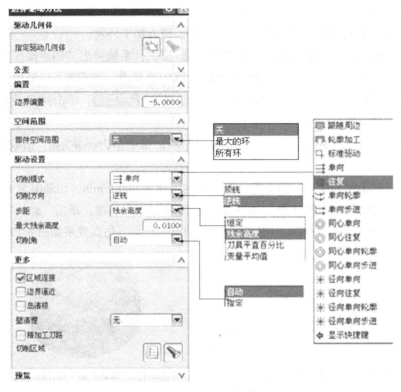

图 5-19　边界驱动对话框

1）驱动几何体。单击指定驱动几何体按钮🔧，系统弹出"边界几何体"对话框，用户可根据需求拾取驱动边界。

2）边界偏置。边界偏置用于对边界范围大小进行修正，正的偏置边界缩小，负的偏置扩大边界。

3）空间范围。通过沿着所选部件的表面和表面区域的外部边缘创建环来定义切削区域。如图 5-20 所示，环类似于边界，因为它们都可以定义切削区域；环不同于边界，因为环部件表面上直接生成刀轨无需投影。

环可以是平面的，也可以是非平面的，并且总是封闭的，它们沿着所有的外部表面边缘生成。可以指定使用所有环来定义区域，或仅使用最大环来定义切削区域，如图 5-21 所示。

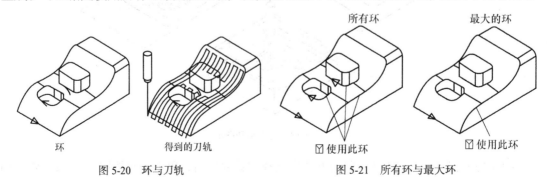

图 5-20　环与刀轨　　　　　　　　　　图 5-21　所有环与最大环

4）切削模式。因驱动边界形状各异，系统除了提供与平面铣相似的切削模式外，还提供了更为丰富的切削模式。如图 5-22a 所示为平行式刀轨，图 5-22b 所示为径向线刀轨，图 5-22c 所示为同心圆式刀轨。

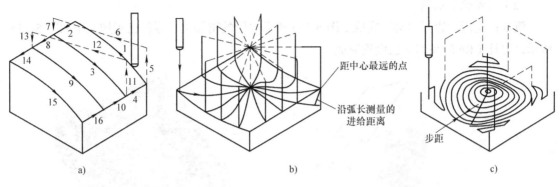

图 5-22　切削模式

5）步距。指定连续切削相邻刀路之间的距离。**固定**：在连续的切削刀路间指定固定距离；**残余高度**：系统根据输入的残余数值计算刀路之间的距离；**刀具平直百分比**：根据有效刀具直径的百分比定义步距，有效刀具直径是指实际上接触到底部的刀具直径，对于球头刀，系统将其整个直径作为有效刀具直径；**变量平均值**：使用介于指定的最小值和最大值之间的不同步距。

6）切削角。用于确定"平行线"切削模式的旋转角度，旋转角是相对于坐标系 X 轴测量的。**自动**：使系统确定每个切削区域的"切削角"；**指定**：用户输入一个固定的角度值作为所有区域的"切削角"。如图 5-23 所示为指定切削角为 20° 的图示。

7）更多。**区域连接**：用于"跟随部件"、"跟随周边"和"轮廓铣"切削模式，在各子区域之间寻找一条没有抬刀，并且不重复的刀具轨迹；**边界逼近**：如图

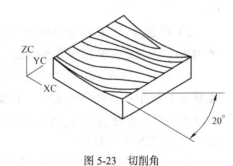

图 5-23　切削角

5-24 所示，当边界或岛中包含二次曲线或 B 样条时，使用边界逼近可以减少处理时间并缩短

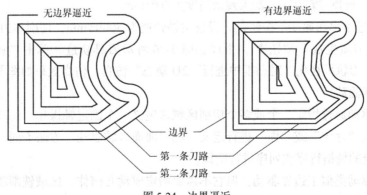

图 5-24　边界逼近

刀轨。**岛清根**：沿着岛插入一个附加刀路以清除可能遗留下来的残料；**壁清理**：在"单向"、"往复"或"单向步进"切削类型中对部件壁上出现的脊进行精修；**精加工刀路**：在正常切削操作的末端添加精加工切削刀路。

（2）边界驱动示例

例3：运用"边界驱动"完成如图 5-25a 所示曲面的精加工，零件已粗加工至如图 5-25b 所示，刀具（R6 球头刀）已设置完成。

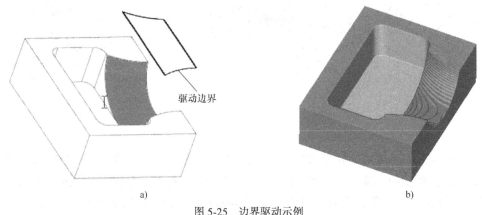

a) b)

图 5-25 边界驱动示例

1）单击打开下载文件 sample/source/05/boundary.prt，如图 5-25a 所示部件模型被调入系统。

2）单击下拉菜单 ⚙ 开始▾ → ▶ 加工(N)，在系统弹出的"加工环境"对话框中，将 **要创建的 CAM 设置** 设置为 mill_contour，单击 **确定**，进入加工环境。

3）单击"插入"工具栏中的"创建操作" ▶ 按钮，系统弹出"创建操作"对话框，在 **类型** 下拉框中选择 mill_contour，在 **操作子类型** 区域中选择 ⟱，在 **刀具** 下拉框中选择 R6，在 **几何体** 下拉框中选择 WORKPIECE，在 **方法** 下拉框中选择 MILL_FINISH。单击 **确定** 按钮，系统弹出"固定轮廓铣"对话框。

4）选择驱动方法为 **边界**，在"边界驱动"对话框中单击"指定驱动几何体"按钮 ⟋，拾取如图 5-26 所示曲线串为驱动边界；设置"边界偏置"为 – 5mm；"切削模式"选择 **往复**；"步骤"选择 **残余高度**，最大残余高度为 0.01mm。

5）单击"进给率和速度"按钮 ▮，设置主轴转速为 5000r/min，切削率为 1000mm/min。

6）单击"刀轨生成"按钮 ▶，生成如图 5-26 所示刀具轨迹。单击"确认"按钮 ▮，在系统弹出的"刀轨可视化"对话框中进行"2D 动态"仿真，仿真效果如图 5-27 所示。

4. 区域铣削驱动

区域铣削驱动通过指定一个或多个切削区域来定义一个固定轴操作，切削区域可通过选择"曲面区域"、"片体"或"面"进行定义。和"曲面区域驱动"方法不同，切削区域几何体不需要按一定的栅格行序或列序进行选择。

区域铣削驱动类似于边界驱动，但它不需要指定驱动几何体，区域铣削驱动操作中可使用修剪几何体。如图 5-28 所示为区域驱动刀轨。

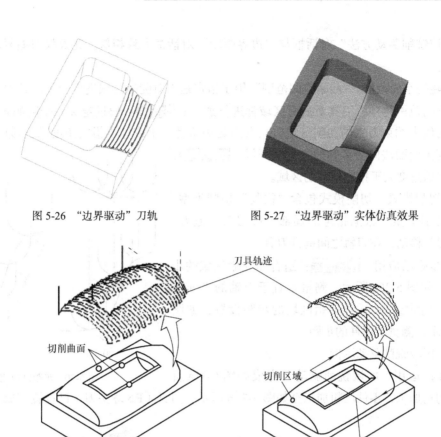

图 5-26　"边界驱动"刀轨　　　　　　图 5-27　"边界驱动"实体仿真效果

刀具轨迹

切削曲面

切削区域

修剪几何

图 5-28　"区域驱动"刀轨

（1）"区域铣削驱动方法"对话框　驱动方法中选择"区域铣削"后，单击编辑按钮，系统弹出如图 5-29 所示"区域铣削驱动方法"对话框。

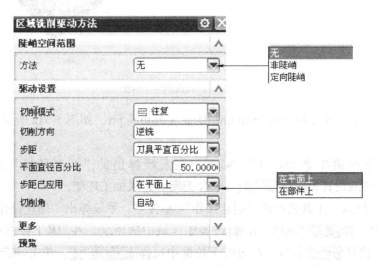

图 5-29　"区域铣削驱动方法"对话框

"区域铣削驱动方法"对话框与"边界驱动"对话框大致相似。此处仅对差异较大之处进行说明：

1）陡峭空间范围。"陡峭空间范围"用于指定是否对陡峭区域进行加工。其中，**无**：关闭陡峭空间范围选项，刀具对所有区域都进行加工；**非陡峭**：通过定义一个陡峭角度 (Steep Angle) 的值来约束刀轨的切削区域，只有当陡峭角度小于或等于指定角度的区域时才加工。陡峭角度由曲面法向与 Z 轴的夹角来测量。**定向陡峭**：只加工陡峭角度大于指定角度的区域。

2）切削模式。切削模式包含"往复"切削类型，这种"切削类型"根据指定的局部"进刀"、"退刀"和"移刀"移动，在刀轨之间提升刀具。

3）步距已应用。**在平面上**：适合非陡峭区域的步距设置，如图 5-30a 所示，测量垂直于刀轴的平面上的步距；**在部件上**：适合陡峭区域的步距设置，如图 5-30b 所示，测量沿部件的步距。

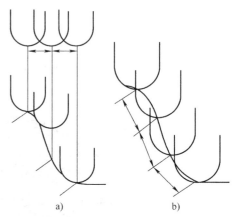

a)   b)

图 5-30　步距已应用

（2）区域铣削驱动示例

例 4：运用"区域铣削驱动"完成如图 5-31a 所示曲面的精加工，零件已粗加工至如图 5-31b 所示，刀具（R5 球头刀）已设置完成。

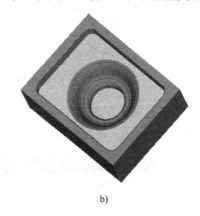

a）   b）

图 5-31　区域铣削驱动示例

1）单击打开下载文件 sample/source/05/area milling.prt，如图 5-31a 所示模型被调入系统。

2）单击下拉菜单 *开始* → *加工(N)*，在系统弹出的"加工环境"对话框中，将**要创建的 CAM 设置**设置为 mill_contour，单击 确定 ，进入加工环境。

3）单击"插入"工具栏中的"创建操作" 按钮，系统弹出"创建操作"对话框，在**类型**下拉框中选择 mill_contour，在**操作子类型**区域中选择 ，在**刀具**下拉框中选择 R5，在**几何体**下拉框中选择 WORKPIECE，在**方法**下拉框中选择 MILL_FINISH。单击 确定 按钮，系统弹出"固定轮廓铣"对话框。

4）选择驱动方法为 区域铣削，在"区域铣削驱动"对话框中，设置 陡峭空间范围 的方法为 无；切削方向 选择 顺铣；切削模式 选择 回 跟随周边；步距 选择 残余高度，最大残余高度为 0.01mm。

5）单击 指定切削区域 按钮 ，拾取如图 5-31a 所示阴影部分曲面作为切削区域。

6）单击"进给率和速度"按钮 ，设置主轴转速为 5000r/min，切削率为 1000mm/min。

7）单击"刀轨生成"按钮 ，生成如图 5-32 所示刀具轨迹。单击"确认"按钮 ，在系统弹出的"刀轨可视化"对话框中进行"2D 动态"仿真，仿真效果如图 5-33 所示。

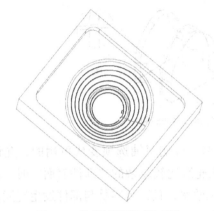
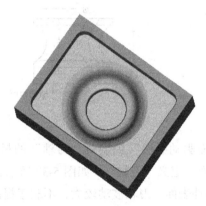

图 5-32 "区域铣削驱动"刀轨　　　　　　图 5-33 "区域铣削驱动"实体仿真效果

5. 曲面驱动

曲面驱动方法，是在驱动曲面上创建网格状的驱动点阵列（UV 方向），产生的驱动点沿指定的投射矢量投射到零件几何表面上创建刀具路径。如果没有定义零件几何表面，则直接在驱动曲面上创建刀具路径。因为该驱动方法可灵活控制刀抽与投射矢量，主要用于变轴铣中，加工形状复杂的表面，如图 5-34 所示。

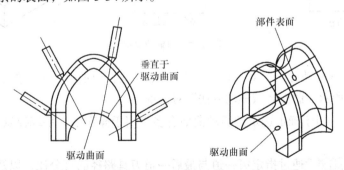

图 5-34 曲面区域驱动图示

曲面驱动方法的驱动曲面可以是平面或曲面，为了使驱动曲面上生成的驱动点均匀，通常要求驱动曲面必须是比较光顺的表面，且形状不能太复杂，以便驱动曲面上能够整齐安排行和列网格。故驱动曲面要求行与列（UV 方向）均匀分布排列，如图 5-35 所示。不会接受排列不均匀的行和列的"驱动曲面"或具有超出"链公差"的缝隙的"驱动曲面"，如图 5-36 所示。

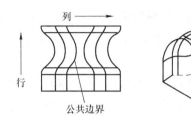

图 5-35　行和列均匀排列驱动曲面

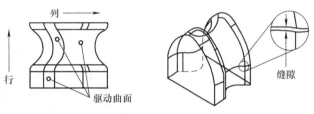

图 5-36　排列不均匀的行和列驱动曲面

"曲面驱动方法"提供对"刀轴"的最大控制。可变刀轴选项变成可用的，允许根据"驱动曲面"定义"刀轴"。如图 5-37 所示，加工轮廓比较复杂的"部件表面"时，若刀轴垂直于部件表面，刀轴波动较大，不利于提高加工效率，且刀具容易与部件发生碰撞；此时可选用一个辅助的比较光顺的驱动曲面来控制刀轴。

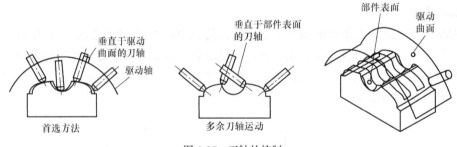

图 5-37　刀轴的控制

（1）"曲面区域驱动方法"对话框　驱动方法中选择"曲面"后，单击编辑按钮，系统弹出如图 5-38 所示"曲面区域驱动方法"对话框。

1）切削区域。用于确定选定的驱动曲面有多少用于操作中，系统提供了 曲面 % 和 对角点 两种指定方式。

① 曲面 %。曲面 % 通过指定第一道与最后一道刀具路径的百分比，以及横向进给起点与终点的百分比，从驱动曲面中定义出切削区域。该百分比可正、可负，对于单个驱动曲面，100% 代表整个曲面，对于多个驱动曲面，按曲面个数平分。

在切削区域下拉框中选择 曲面 % 后，系统弹出如图 5-39a 所示对话框。对话框中各参数的含义如图 5-39b 所示。

图 5-40 所示为曲面采用不同百分比的刀轨示意图，图中工件上表面为驱动曲面。图 5-40a 所示为默认百分比情况下的刀具轨迹；图 5-40b 所示为第一起点为 50，第二起点为 50，

其他为默认设置情况下的刀具轨迹；图 5-40c 所示为起始步为 50，其他为默认设置情况下的刀具轨迹。图 5-40d 所示为第一起点为 –20，第二起点为 –20，起始步长为 –20，其他为默认设置情况下的刀具轨迹。

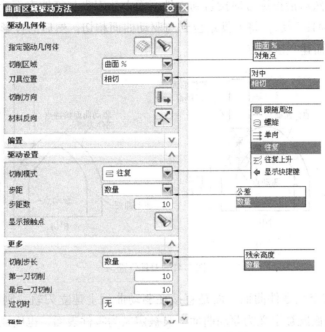

图 5-38　"曲面区域驱动方法"对话框

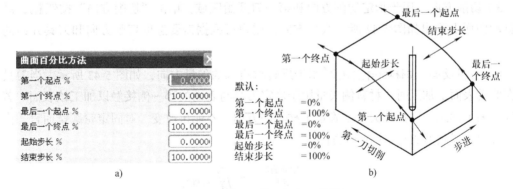

图 5-39　"曲面百分比方法"对话框

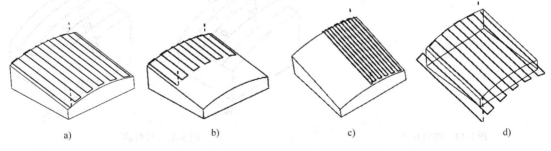

图 5-40　曲面采用不同百分比的刀轨示意图

② 对角点。对角点通过在驱动曲面上指定两个对角点，来定义切削区域的范围，若驱动曲面由多个曲面组成，也可在不同曲面定义这两个角点。

2）刀具位置。用于定义刀具与零件表面的接触位置。对中：如图 5-41a 所示，将刀具定位到驱动点上，然后沿投影方向投射到零件表面上使刀尖与零件表面接触，从而建立接触点；相切：如图 5-41b 所示，将刀具定位到与驱动曲面相切，然后沿投影矢量方向投射到与零件表面相切，从而建立接触点。

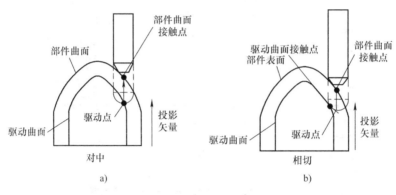

图 5-41　刀具位置

注：如果没有定义零件曲面，而是直接在驱动曲面上建立刀轨，则应设置刀具位置为"相切"；若一个表面既被定义为驱动曲面，又被定义为零件表面，也应设置刀具位置为"相切"。

3）切削方向。用于指定切削方向和第一刀开始区域，单击"切削方向"按钮，系统在驱动曲面上弹出如图 5-42 所示八个方向，用户可根据需要选取切削方向和刀具开始的位置。

4）材料反向。材料反向按钮用于反转材料侧的矢量方向，如图 5-43 所示。当刀具直接在驱动表面上加工时，材料侧矢量用于确定刀具与表面的哪一侧接触以加工该表面。若在零件表面上加工，则投影矢量就确定了材料的方向，不能再改变。对固定轮廓铣而言，由于投射方向，因此不能改变材料侧方向。

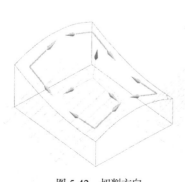

图 5-42　切削方向

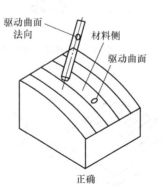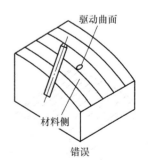

图 5-43　材料侧

5）切削步距。如图 5-44 所示，切削步距表示相邻两条刀轨之间的距离，用于控制切削宽度，系统可通过 数量 和 残余高度 两个选项来设定步距。

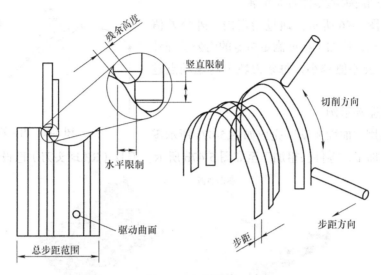

图 5-44　切削步距

数量 ：用于指定在曲面上生成多少条刀轨。

残余高度 ：用户可设定最大残余高度、竖直限制、水平限制三个选项（但一般仅需指定最大残余高度即可），系统自动计算出需在曲面上形成多少条刀轨，精度越高，刀轨条数越多。

6）切削步长。如图 5-45 所示，切削步长控制沿着"驱动曲线"创建的"驱动点"之间的距离。"驱动点"越近，则"刀轨"就越接近"驱动曲线"。切削步长用于确定每条刀轨组成点的多少，系统可通过指定 数量 或指定点的 公差 来确定切削步长。

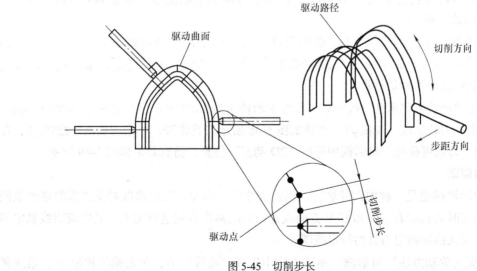

图 5-45　切削步长

数量：指定每一条刀轨包含的最小驱动点数来确定切削步长，若指定的数量越少，使加工精度超出了指定的内、外公差范围，则系统自动添加附加的驱动点数，以使刀轨在指定的内、外公差范围内跟随零件表面轮廓。

公差：如图 5-46 所示：通过指定内、外公差值来确定切削步长，使加工精度满足指定的内公差和外公差的要求，公差值越小，每条刀轨上的驱动点越多，精度越高。

（2）曲面驱动示例

例 5：运用"曲面驱动"完成如图 5-47a 所示零件上表面的精加工，零件已粗加工至如图 5-47b 所示，刀具（R3 球头刀）已设置完成。

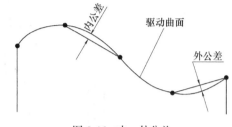

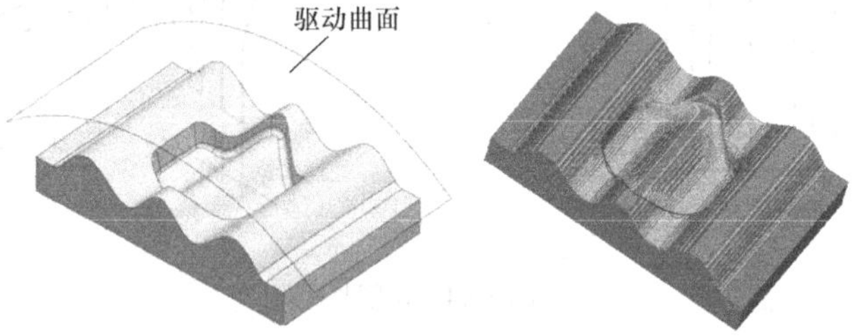

图 5-46 内、外公差

图 5-47 曲面驱动示例

1）单击打开下载文件 sample/source/05/surface.prt，如图 5-47a 所示模型被调入系统。

2）单击下拉菜单 开始 → 加工(N)，在系统弹出的"加工环境"对话框中，将**要创建的 CAM 设置**设置为 mill_contour，单击 确定，进入加工环境。

3）单击"插入"工具栏中的"创建操作" 按钮，系统弹出"创建操作"对话框，在**类型**下拉框中选择 mill_contour，在**操作子类型**区域中选择，在刀具下拉框中选择 R3，在几何体下拉框中选择 WORKPIECE，在方法下拉框中选择 MILL_FINISH。单击 确定 按钮，系统弹出"固定轮廓铣"对话框。

4）选择驱动方法为 曲面，在"曲面驱动"对话框中，单击 指定驱动几何体 按钮，拾取图 5-47a 所示曲面为驱动曲面。切削模式为 往复；步距 选择 残余高度，最大残余高度为 0.01mm；其他选项为默认设置。

5）单击"进给率和速度"按钮，设置主轴转速为 5000r/min，切削率为 1000mm/min。

6）单击"刀轨生成"按钮，生成如图 5-48 所示刀具轨迹。单击"确认"按钮，在系统弹出的"刀轨可视化"对话框中进行"2D 动态"仿真，仿真效果如图 5-49 所示。

6. 流线驱动

流线驱动铣削也是一种曲面轮廓铣，创建操作时，需要指定流曲线和交叉曲线来形成网格驱动，加工时刀具沿着曲面和 U-V 方向或是曲面的网格方向进行加工，其中流曲线确定刀轨的形状，交叉曲线确定刀具的行走范围。

（1）"流线驱动方法"对话框　驱动方法中选择"流线"后，单击编辑按钮，系统弹出如图 5-50 所示"流线驱动方法"对话框。

图 5-48　"曲面驱动"刀轨

图 5-49　"曲面驱动"实体仿真效果

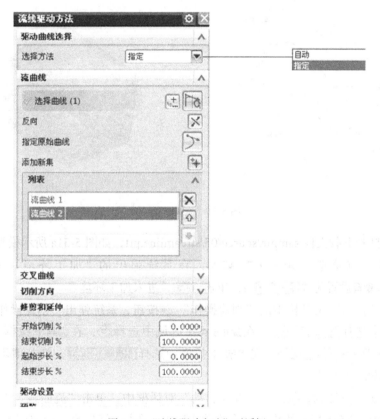

图 5-50　"流线驱动方法"对话框

对话框中"切削方向"、"驱动设置"与"曲面区域驱动方法"对应选项相似，"修剪与延伸"与"曲面区域驱动方法"中的"曲面百分比"相似，此处仅对不同之处加以说明。

1）驱动曲线选择。系统提供了 自动 和 指定 两种驱动曲线选择方法。其中，自动：根据主操作对话框中指定的切削区域的边界创建流动曲线集和交叉曲线集；指定：手工选择流动曲线串和交叉曲线串或编辑创建的流动 / 交叉曲线串。

2）流动 / 交叉曲线

① 选择曲线：用于通过选择现有曲线、边或点来指定流动 / 交叉曲线。允许使用点作为独立的流动 / 交叉线串。从图形窗口中选择曲线、边作为流动 / 交叉线串。

② 反向：单击反转按钮✕，可使选中活动流动 / 交叉曲线集反向。

③ 指定原始曲线：当选择多条形成闭环的曲线作为一个曲线串时，单击✐按钮，可以改变单个闭环曲线的方向。

④ 添加新集：单击与之对应的添加按钮➕，可在列表中创建新的（空）集，并激活选择曲线。新集放在列表中活动曲线集的后面。✕：删除不再需要的流动 / 交叉曲线集；上移⬆和下移⬇箭头，可以在列表中更改曲线集的次序。

（2）流线驱动示例

例 6：运用"流线驱动"完成如图 5-51a 所示曲面阴影的精加工，零件已粗加工至如图 5-51b 所示，刀具（R5 球头刀）已设置完成。

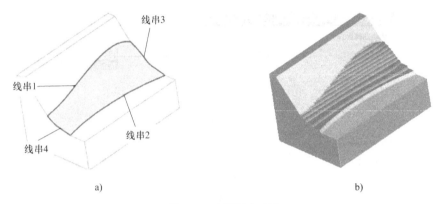

a)   b)

图 5-51　流线驱动示例

1）单击打开下载文件 sample/source/05/streamline.prt，如图 5-51a 所示模型被调入系统。

2）单击下拉菜单 🕐开始·→ ⬚加工(N)，在系统弹出的"加工环境"对话框中，将**要创建的 CAM 设置**设置为 mill_contour，单击 确定，进入加工环境。

3）单击"插入"工具栏中的"创建操作"⬚按钮，系统弹出"创建操作"对话框，在**类型**下拉框中选择 mill_contour，在**操作子类型**区域中选择⬚，在刀具下拉框中选择 R5，在几何体下拉框中选择 WORKPIECE，在方法下拉框中选择 MILL_FINISH。单击 确定 按钮，系统弹出"固定轮廓铣"对话框。

4）选择驱动方法为 流线，在"流线驱动"对话框中，单击"流曲线"对应的 ✱ 选择曲线按钮⬚，拾取图 5-51a 所示线串 1 作为流动线串 1，单击中键确定；拾取图 5-51a 所示线串 2 作为流动线串 2，单击中键确定。

5）单击"交叉曲线"对应的 ✱ 选择曲线 按钮⬚，拾取图 5-51a 所示线串 3 作为交叉线串 1，单击中键确定；拾取图 5-51a 所示线串 4 作为交叉线串 2，单击中键确定。

6）设置 切削模式为 ⬚往复；步距选择残余高度，最大残余高度为 0.01mm。

7）在**修剪和延伸**中设置 结束步长 % 为 120%，其他选项为默认设置。

8）单击"进给率和速度"按钮⬚，设置主轴转速为 5000r/min，切削率为 1000mm/min。

9）单击"刀轨生成"按钮⬚，生成如图 5-52 所示刀具轨迹。单击"确认"按钮⬚，在系统弹出的"刀轨可视化"对话框中进行"2D 动态"仿真，仿真效果如图 5-53 所示。

图 5-52　"流线驱动"刀轨

图 5-53　"流线驱动"实体仿真效果

7. 刀轨驱动

刀轨驱动方法可以沿着刀位置源文件（CLSF）的刀轨定义驱动点，在当前操作中创建一个类似的曲面轮廓铣刀轨。驱动现有的刀轨，然后投射到所选部件表面上创建新的刀轨，新的刀轨是沿着曲面轮廓形成的。驱动点投射到部件表面上时，所遵循的方向由投影矢量确定。

（1）"刀轨驱动方法"对话框　驱动方法中选择"刀轨"后，单击编辑按钮🔧，系统弹出如图 5-54 所示"指定 CLSF"对话框，选择所需的 CLSF 文件后，系统弹出如图 5-55 所示"刀轨驱动方法"对话框。

图 5-54　"指定 CLSF"对话框

图 5-55　"刀轨驱动方法"对话框

对话框中"切削方向"、"驱动设置"与"曲面驱动"对应选项相似，"修剪与延伸"与"曲面"驱动中的"曲面百分比"相似，此处仅对不同之处加以说明。

1）CLSF 中的刀轨。刀轨窗口列出与所选的 CLSF 相关联的刀轨，选择希望投影的刀轨，此列表只允许选择一个 CLSF 刀轨。

重播：查看所选的刀轨图形。这允许显式验证用户是否已经选择了正确的刀轨。

列表：列表显示了一个"信息窗口"，此窗口中以文本格式显示了所选的刀轨，如它将出现在 CLSF 中一样。

2）按进给率划分的运动类型。此窗口列出所选刀轨中的各种切削和非切削移动相关的进给率。

全选：选择"按进给率划分的运动类型窗口"列出的所有进给率。

列表：以文本格式显示所选的刀轨，如它将出现在 CLSF 中一样。

（2）刀轨驱动示例

例 7：运用"刀轨驱动"完成如图 5-56a 所示曲面倒角的精加工，零件已粗加工至如图 5-56b 所示，刀具（R5 球头刀）已设置完成。

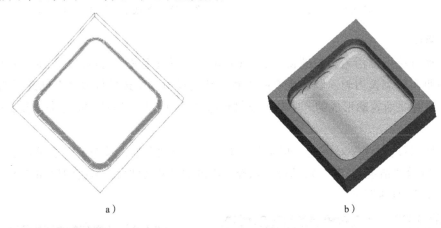

图 5-56　刀轨驱动示例

1）单击打开下载文件 sample/source/05/dg.prt，如图 5-56a 所示模型被调入系统。

2）单击下拉菜单 ⚙ 开始▾ → ⬛ 加工(N)，在系统弹出的"加工环境"对话框中，将**要创建的 CAM 设置**设置为 mill_contour，单击 **确定**，进入加工环境。

3）单击"插入"工具栏中的"创建操作" ⬛ 按钮，系统弹出"创建操作"对话框，在**类型**下拉框中选择 mill_contour，在**操作子类型**区域中选择 ⬛，在刀具下拉框中选择 R5，在几何体下拉框中选择 WORKPIECE，在**方法**下拉框中选择 MILL_FINISH。单击 **确定** 按钮，系统弹出"固定轮廓铣"对话框。

4）单击**指定切削区域**按钮 ⬛，拾取 5-56a 所示四周倒圆曲面作为切削区域。

5）选择驱动方法为 **刀轨**，在"刀轨驱动方法"对话框中，打开 sample/answer/05/ysdg. cls 文件，在弹出的如图 5-57 所示对话框中选择 FINISH WALLS 作为 CLSF 刀轨，为精铣如图 5-58 所示侧壁的刀轨。

6）单击"进给率和速度"按钮 ⬛，设置主轴转速为 5000r/min，切削率为 1000mm/min。

7）单击"刀轨生成"按钮 ⬛，生成如图 5-59 所示刀具轨迹。单击"确认"按钮 ⬛，在系统弹出的"刀轨可视化"对话框中进行"2D 动态"仿真，仿真效果如图 5-60 所示。

8. 径向切削驱动

如图 5-61 所示，径向切削驱动方法可以使用指定的步距、带宽和切削类型生成沿着并垂直于给定边界的驱动轨迹。

图 5-57　选择 CLSF 刀轨

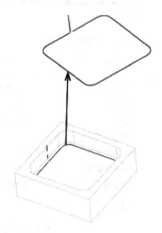

图 5-58　CLSF 原始刀轨

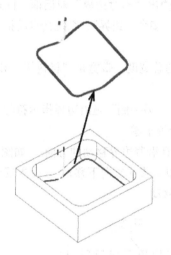

图 5-59　"刀轨驱动"刀轨

图 5-60　"刀轨驱动"实体仿真效果

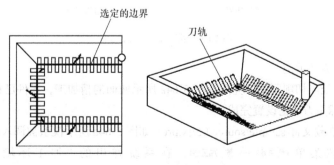

图 5-61　"径向切削驱动"图示

（1）"径向切削驱动方法"对话框　驱动方法中选择"径向切削"后，单击编辑按钮🔧，系统弹出如图 5-62 所示"径向切削驱动方法"对话框。其中切削类型、切削方向、步距与之前的驱动方法相似，此处仅介绍不同之处。

图 5-62　"径向切削驱动方法"对话框

1）驱动几何体。单击 指定驱动几何体 按钮 ，系统弹出"临时边界"对话框，此对话框可以选择和编辑边界集，作为驱动几何体。对话框中若定义了多个"边界"，系统会自动抬刀，从一个边界移动到下一个边界。

2）带宽。带宽定义在边界平面上测量的加工区域的总宽度。带宽是"材料侧"和"另一侧"偏置值的总和。

材料侧是沿边界指示符的方向看过去的边界右手侧，"另一侧"是沿边界指示符的方向看过去的边界左手侧。"材料侧"和"另一侧"的带宽总和不能等于零。

3）刀轨方向。跟随边界 和 边界反向 允许用户确定刀具沿着边界移动的方向。 如图 5-63 所示，"跟随边界"允许刀具按照边界指示符的方向沿着边界单向或往复向下移动。"边界反向"允许刀具按照边界指示符的相反方向沿着边界单向或往复向下移动。

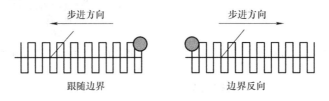

图 5-63　跟随边界与边界反向

（2）径向切削驱动示例

例 8：运用"径向切削驱动"完成如图 5-64a 所示曲面的精加工，零件已粗加工至如图 5-64b 所示，刀具（R8 球头刀）已设置完成。

1）单击打开下载文件 sample/source/05/jx.prt，如图 5-64a 所示模型被调入系统。

2）单击下拉菜单 开始· → 加工(N)，在系统弹出的"加工环境"对话框中，将 **要创建的 CAM 设置** 设置为 mill_contour，单击 确定，进入加工环境。

3）单击"插入"工具栏中的"创建操作" 按钮，系统弹出"创建操作"对话框，在 **类型** 下拉框中选择 mill_contour，在 **操作子类型** 区域中选择 ，在刀具下拉框中选择 R8，在几何体下拉框中选择 WORKPIECE，在 方法 下拉框中选择 MILL_FINISH。单击 确定 按钮，系统弹出"固定轮廓铣"对话框。

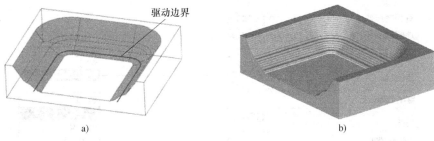

图 5-64　径向切削驱动示例

4）选择驱动方法为 刀轨，在"刀轨驱动"对话框中，单击 指定驱动几何体按钮 ，拾取 5-64a 所示线串作为驱动几何。

5）设置 切削模式 为 往复；步距 选择 残余高度，最大残余高度为 0.01mm；材料侧的条带 设置为 10mm，另一侧的条带 设置为 30mm，其他选项为默认设置。

6）单击"进给率和速度"按钮 ，设置主轴转速为 3000r/min，切削率为 1000mm/min。

7）单击"刀轨生成"按钮 ，生成如图 5-65 所示刀具轨迹。单击"确认"按钮 ，在系统弹出的"刀轨可视化"对话框中进行"2D 动态"仿真，仿真效果如图 5-66 所示。

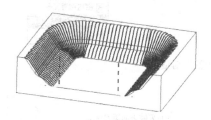

图 5-65　"径向切削驱动"刀轨　　　　　图 5-66　"径向切削驱动"实体仿真效果

9. 清根驱动

清根驱动是固定轴铣操作中特有的驱动方法，它可沿由零件表面形成的凹角与沟槽创建刀具路径。在创建清根操作过程中，刀具必须与零件两个表面在不同点接触。如果零件几何表面曲率半径大于刀具半径，则无法产生双切线接触点，也就无法生成清根切削路径。

（1）"清根驱动方法"对话框　驱动方法中选择"清根"后，单击编辑按钮 ，系统弹出如图 5-67 所示"清根驱动方法"对话框。

1）最大凹度。使用"最大凹度"可以确定加工哪些尖角或陡峭谷，如图 5-68 所示。前道工序加工后，因为比较平坦，160° 的凹谷内可能没有剩余材料，此时若设置最大凹度为 120°，那么清根只对 110° 和 70° 的凹谷进行加工，这样可以省去不必要的刀轨，提高加工效率。系统可指定最大凹度值为 179°。

2）最小切削长度。最小切削长度能够除去切削轨迹中某些长度较短的刀轨，不生成小于此值的切削运动，有利于优化切削轨迹。如图 5-69 所示，在圆角相交处非常短的刀轨可用此选项除去。

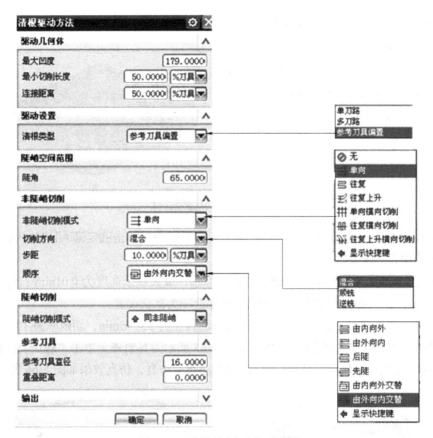

图 5-67 "清根驱动方法"对话框

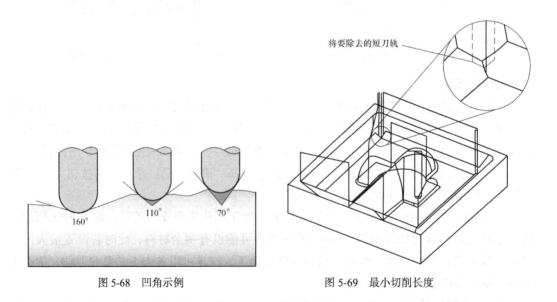

图 5-68 凹角示例

图 5-69 最小切削长度

3）连接距离。如果加工曲面的数据结构不佳，软件在计算切削轨迹时会产生小的、不连续的刀具轨迹。这些不连续的轨迹对连续进给不利，设置连接距离决定了连接刀轨两端点的最大跨越距离。把断开的切削轨迹连接起来，可以排除小的不连续刀位轨迹或者刀位轨迹中不需要的间隙。连接时系统将线性延长被连接的两条刀轨，避免零件产生过切。如图5-70所示，过小的连接距离会使抬刀动作增加，间隙增加，切削不连续；合适的连接距离能减少不必要的间隙。

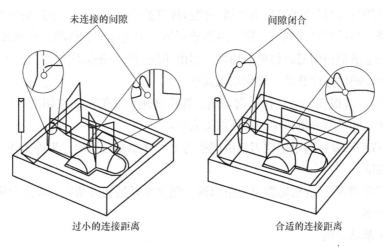

图 5-70　连接距离与间隙

4）清根类型。清根一般采用刀具以"单刀路"、"多刀路"、"参考刀具偏置"三种方式完成对"凹陷区域"的半精加工与精加工。

单刀路清根：沿着凹角或沟槽产生一条单一刀具路径，如图5-71所示。

多刀路清根：通过指定偏置数目以及相邻偏置间的步进距离，在清根中心的两侧产生多条切削刀具路径。根部余量较多且不均匀时，可采用"由外向内"的切削顺序，步进距离小于刀具半径，如图5-72所示。

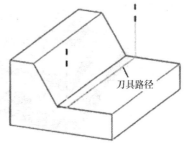

图 5-71　单刀路清根

参考刀具偏置：当采用半径较小的刀具加工由大尺寸刀具粗加工后的根部材料时，参考刀具偏置是非常实用的选项。可以指定一个参考刀具直径（大直径）来定义加工区域的范围（图5-73），通过设置切削步距在以凹角为中心的两边产生多条切削轨迹。为消除两把刀具的切削接刀痕迹，可以设置"重叠距离"沿着相切曲面扩展切削区域。

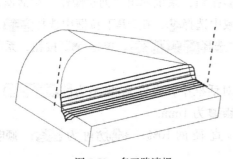

图 5-72　多刀路清根

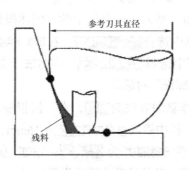

图 5-73　参考刀具偏置清根

5）顺序。顺序用于定义清根切削轨迹执行的先后次序。

① ⬛ 由内向外：清根切削刀轨由凹槽的中心开始第一刀切削，步进向外一侧移动，直到这一侧加工完毕。然后刀具回到中心，沿凹槽切削，步进向另一侧移动，直到加工完毕。

② ⬛ 由内向内：清根切削刀轨由凹槽一侧边缘开始第一刀切削，步进向中心移动，直到这一侧加工完毕。然后刀具回到另一侧，沿凹槽切削，步进向中心移动，直到加工完毕。

③ ⬛ 后陡：清根切削刀轨作单向切削，即由非陡峭壁一侧沿凹槽切削，步进向中心移动，通过中心后向陡峭壁一侧移动，直到加工完毕。

④ ⬛ 先陡：清根切削刀轨作单向切削，即由陡峭壁一侧沿凹槽切削，步进向中心移动，通过中心后向非陡峭壁一侧移动，直到加工完毕。

⑤ ⬛ 由内向外交替：清根切削刀轨由凹槽的中心开始初刀切削，步进向外一侧移动，然后交替在两侧切削。

⑥ ⬛ 由外向内交替：清根切削刀轨由凹槽一侧边缘开始初刀切削，步进向中心移动，然后交替在两侧切削。

（2）清根驱动示例

例9：运用"清根驱动"完成如图 5-74a 所示曲面的精加工，零件已粗加工至如图 5-74b 所示，刀具（R1.5 球头刀）已设置完成。

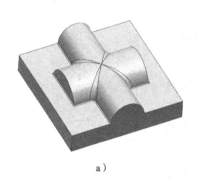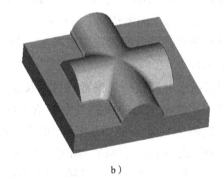

a） b）

图 5-74 "清根驱动"示例

1）单击打开下载文件 sample/source/05/qg.prt，如图 5-74a 所示模型被调入系统。

2）单击下拉菜单 🔷 开始▼ → ⬛ 加工(N)，在系统弹出的"加工环境"对话框中，将**要创建的 CAM 设置**设置为 mill_contour，单击 确定，进入加工环境。

3）单击"插入"工具栏中的"创建操作" ⬛ 按钮，系统弹出"创建操作"对话框，在**类型**下拉框中选择 mill_contour，在**操作子类型**区域中选择 ⬛，在**刀具**下拉框中选择 R1.5，在**几何体**下拉框中选择 WORKPIECE，在**方法**下拉框中选择 MILL_FINISH。单击 确定 按钮，系统弹出"固定轮廓铣"对话框。

4）选择驱动方法为 清根，在"清根驱动"对话框中，设置 清根类型 为 参考刀具偏置，在"参考刀具"栏中输入 参考刀具直径 为 16mm，重叠距离 为 1mm。

5）设置 切削模式 为 ⬛ 往复；步距 为刀具直径的10%，切削方向 为 混合；顺序 为 ⬛ 由外向内交替，其他选项为默认设置。

6）单击"进给率和速度"按钮 ![], 设置主轴转速为 6000r/min, 切削率为 1000mm/min。

7）单击"刀轨生成"按钮 ![], 生成如图 5-75 所示刀具轨迹。单击"确认"按钮 ![], 在系统弹出的"刀轨可视化"对话框中进行"2D 动态"仿真, 仿真效果如图 5-76 所示。

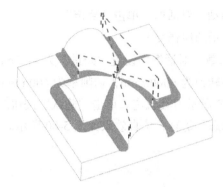

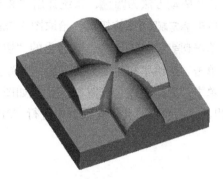

图 5-75 "清根驱动"刀轨   图 5-76 "清根驱动"实体仿真效果

10. 文本驱动

使用固定轮廓铣"文本"驱动方式, 可直接在轮廓表面雕刻文本。如: 零件号和模具型腔号。此操作与制图文本完全关联。

（1）"文本驱动方法"对话框　驱动方法中选择"文本"后, 单击编辑按钮 ![], 系统弹出如图 5-77 所示"文本驱动方法"对话框。

（2）"文本驱动"示例

例 10：运用"文本驱动"完成如图 5-78a 所示零件的文本雕刻, 雕刻效果如图 5-78b 所示。几何体、刀具（R1 球头刀）已设置完成。

图 5-77 "文本驱动方法"对话框

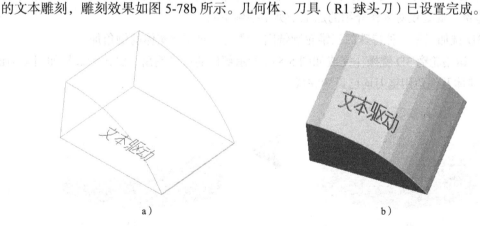

a）   b）

图 5-78 "文本驱动"示例

1）单击打开下载文件 sample/source/05/wb.prt, 如图 5-78a 所示模型被调入系统。

2）单击下拉菜单 ![] 开始 → ![] 加工(N), 在系统弹出的"加工环境"对话框中, 将**要创建的 CAM 设置**设置为 mill_contour, 单击 确定, 进入加工环境。

3）单击"插入"工具栏中的"创建操作" ![] 按钮, 系统弹出"创建操作"对话框, 在

类型下拉框中选择 mill_contour ，在**操作子类型**区域中选择⚓，在**刀具**下拉框中选择 R1 ，在**几何体**下拉框中选择 WORKPIECE ，在**方法**下拉框中选择 MILL_FINISH 。单击 **确定** 按钮，系统弹出"固定轮廓铣"对话框。

4）选择驱动方法为 文本 ，系统弹出"文本驱动"对话框，单击"确定"。

5）单击 **指定制图文本按钮A** ，拾取图 5-78a 所示的注释文本。

6）单击**切削参数**按钮 📑 ，在弹出的"切削参数"对话框中设置"余量"为 –0.5mm。

7）单击"进给率和速度"按钮 🔧 ，设置主轴转速为 6000r/min，切削率为 400mm/min。

8）单击"刀轨生成"按钮 📏 ，生成如图 5-79 所示刀具轨迹。单击"确认"按钮 📊 ，在系统弹出的"刀轨可视化"对话框中进行"2D 动态"仿真，仿真效果如图 5-80 所示。

图 5-79 "文本驱动"刀轨   图 5-80 "文本驱动"实体仿真效果

5.3.4 轮廓 3D 铣

因轮廓铣中曲面、区域、流线、清根（参考刀具）等加工子类型在驱动方式中已作了详细解释与举例，此处仅对未作介绍的加工子类型举例说明。

轮廓 3D 铣加工是一种特殊的三维轮廓铣削，常用于曲面类实体的倒角加工。

例 11：运用轮廓 3D 铣操作完成如图 5-81a 所示部件的边缘倒角（倒角后效果如图 4-81b 所示），几何体及倒角用锪刀均已设置完成。

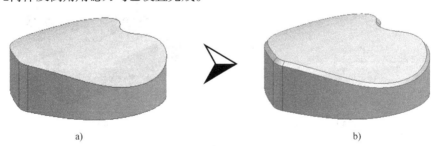

a)   b)

图 5-81 轮廓 3D 铣

1）单击打开下载文件 sample/source/05/lk3d.prt，如图 5-81a 所示模型被调入系统。

2）单击下拉菜单 🔵 开始▼ → 📐 加工(N)，在系统弹出的"加工环境"对话框中，将**要创建的 CAM 设置**设置为 mill_contour ，单击 **确定** ，进入加工环境。

3）单击"插入"工具栏中的"创建操作" 📐 按钮，系统弹出"创建操作"对话框，在

类型下拉框中选择 mill_contour，在**操作子类型**区域中选择 ，在**刀具**下拉框中选择 C20，在**几何体**下拉框中选择 WORKPIECE，在**方法**下拉框中选择 MILL_FINISH。单击 确定 按钮，系统弹出如图 5-82 所示"轮廓 3D"对话框。

4）单击 指定部件边界，拾取如图 5-83 所示倒角边界。

5）设置 部件余量 为 –5mm，设置 Z-深度偏置 为 10mm。

6）单击"进给率和速度"按钮 ，设置主轴转速为 3000r/min，切削率为 200mm/min。

7）单击"刀轨生成"按钮 ，生成如图 5-84 所示刀具轨迹。单击"确认"按钮 ，在系统弹出的"刀轨可视化"对话框中进行 2D 动态仿真，仿真效果如图 5-85 所示。

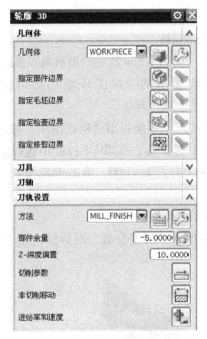

图 5-82　"轮廓 3D"对话框

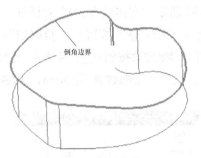

图 5-83　拾取边界

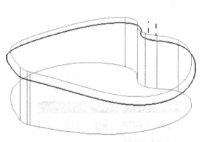

图 5-84　"轮廓 3D"刀轨

图 5-85　"轮廓 3D"实体仿真效果

5.3.5　实体轮廓 3D 铣

实体轮廓 3D 铣加工是一种特殊的三维轮廓铣削，常用于曲面类实体的侧（直）壁铣削加工。

例 12：运用实体轮廓 3D 铣操作完成如图 5-86b 所示部件的侧壁铣削，零件毛坯如图

5-86a 所示，几何体及刀具（φ10mm 立铣刀）均已设置完成。

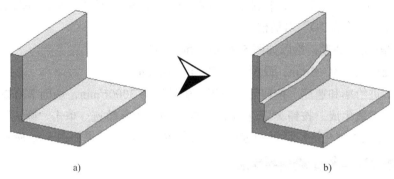

a)   b)

图 5-86　区域表面铣

1）单击打开下载文件 sample/source/05/3dlk.prt，如图 5-86a 所示模型被调入系统。

2）单击下拉菜单 🔵 开始▾ → 📐 加工(N)，在系统弹出的"加工环境"对话框中，将**要创建的 CAM 设置**设置为 mill_contour，单击 确定，进入加工环境。

3）单击"插入"工具栏中的"创建操作" ⬜ 按钮，系统弹出"创建操作"对话框，在**类型**下拉框中选择 mill_contour，在**操作子类型**区域中选择 🔳，在刀具下拉框中选择 D10，在几何体下拉框中选择 WORKPIECE，在方法下拉框中选择 MILL_FINISH。单击 确定 按钮，系统弹出如图 5-87 所示"实体轮廓 3D"对话框。

4）单击"指定壁"按钮 ⬡，拾取如图 5-88 所示实体侧壁。

5）单击切削参数按钮 ⬜，系统弹出如图 5-89 所示"切削参数"对话框。在"多刀路"选项卡中，设置 侧面余量偏置 为 5mm，刀路数为 5。

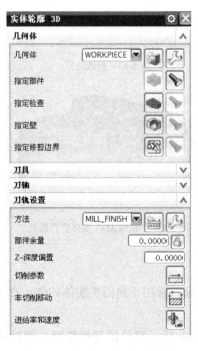

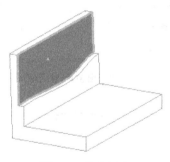

图 5-88　指定侧壁

图 5-87　"实体轮廓 3D"对话框　　　　　图 5-89　设置切削刀路数

6）单击"进给率和速度"按钮 🖩，设置主轴转速为 3000r/min，切削率为 200mm/min。

7）单击"刀轨生成"按钮 ，生成如图 5-90 所示刀具轨迹。单击"确认"按钮 ，在系统弹出的"刀轨可视化"对话框中进行"2D 动态"仿真，仿真效果如图 5-91 所示。

注：具体操作参见 sample/answer/05/3dlk.prt。

图 5-90　"实体轮廓 3D"刀轨

图 5-91　"实体轮廓 3D"实体仿真效果

5.4　项目实施

5.4.1　创建父级组

1. 打开文件进入加工环境

1）打开下载文件 sample/source/05/gdjjg.prt，如图 5-92 所示模型被调入系统。

2）单击下拉菜单 开始 → 加工(N)，在系统弹出的"加工环境"对话框中，将要创建的 CAM 设置设置为 mill_contour，单击 确定，进入加工环境。

2. 创建程序

单击"插入"工具栏中"创建程序"按钮 ，系统弹出如图 5-93 所示"创建程序"对话框，在程序下拉框中选择"PROGRAM"，在名称栏中输入程序名"PROGRAM_GDJJG"。

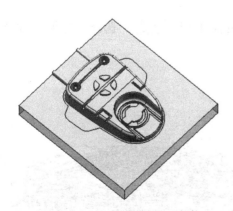
图 5-92　调入"固定轴加工"部件

图 5-93　创建"固定轴加工"程序

3. 创建刀具

单击"插入"工具栏中的"创建刀具"按钮 ，在"创建刀具"对话框中选择刀具子类

型为 （Mill），输入刀具名称为"D26R2"，单击 确定，在"刀具参数"对话框中输入直径为 26mm，下半径为 2mm，刀具号为 1 号，刀具材料为 Carbide。其他为默认设置。

用相同的方法创建表 5-1 中所列的其他刀具。

4. 创建几何体

坐标系与安全平面采用部件的默认设置，此处不作修改。

（1）部件几何体设定　在操作导航器的空白处右键单击，在弹出的快捷菜单中单击几何视图按钮 几何视图，双击坐标节点 ⊕ MCS_MILL 下的 WORKPIECE 节点，系统弹出"铣削几何体对话框"，单击指定部件按钮，系统弹出"部件几何体"对话框，单击全选 或单击工作界面中的实体模型。

（2）设定毛坯几何体　单击指定毛坯 按钮，在系统弹出的"毛坯几何体"对话框类型下拉框中选择 包容块，参数均为默认设置，单击 确定 完成毛坯几何体的创建。

5.4.2 创建操作

1. 首次开粗

1）单击"插入"工具栏中的"创建操作" 按钮，在弹出的对话框的 类型 下拉框中选择 mill_contour，在操作子类型 区域中选择，在程序下拉框中选择"PROGRAM_GDJJG"，在刀具下拉框中选择"D26R2"，在几何体下拉框中选择"WORKPIECE"，在方法下拉框中选择"MILL_ROUGH"。单击 确定 按钮，系统弹出"型腔铣"对话框，按图 5-94 所示设置相关参数。

2）单击"进给率和速度"按钮，设置主轴转速为 2000r/min，切削速度为 400mm/min。

3）单击"刀轨生成"按钮，生成如图 5-95 所示刀具轨迹。单击"确认"按钮，在系统弹出的"刀轨可视化"对话框中进行"2D 动态"仿真，仿真效果如图 5-96 所示。

2. 二次开粗

（1）创建二次开粗操作

1）右键单击操作导航器中前道工序生成的操作 CAVITY_MILL，选择"复制"，如图 5-97 所示。

图 5-94　"型腔铣"参数设置

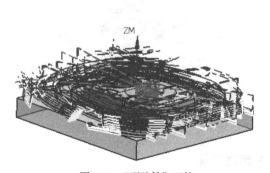

图 5-95　"型腔铣"刀轨

图 5-96　"型腔铣"实体仿真效果

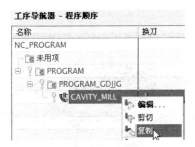

图 5-97　复制刀轨

2）右键单击操作导航器中的 CAVITY_MILL 操作，选择"粘贴"，生成如图 5-98 所示 CAVITY_MILL_COPY 操作。

3）右键单击操作导航器中的 CAVITY_MILL_COPY 操作，选择"重命名"，将操作改名为 CAVITY_MILL_2，如图 5-99 所示。

图 5-98　粘贴刀轨

图 5-99　刀轨重命名

（2）参数设置

1）双击操作导航器中的 CAVITY_MILL_2 操作，系统弹出型腔铣对话框，单击刀具下拉框，选择 D3 为当前工作刀具，如图 5-100 所示。

2）按如图 5-101 所示设置切削模式、步距等参数。

图 5-100　设置当前工作刀具

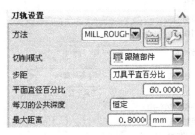

图 5-101　设置"二次开粗"切削参数

3）单击切削参数 按钮 ，系统弹出"切削参数"对话框，在如图 5-102 所示"空间范围"选项卡中设置处理中的工件为使用 3D。

4）单击"进给率和速度"按钮 ，设置主轴转速 5000r/min，切削速度为 1000mm/min。

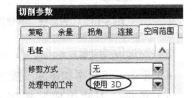

图 5-102　设置空间范围

（3）刀轨及仿真　单击"刀轨生成"按钮 ，生成如图 5-103 所示刀具轨迹。单击"确认"按钮 ，在系统弹出的"刀轨可视化"对话框中进行"2D 动态"仿真，仿真效果如图

5-104 所示。

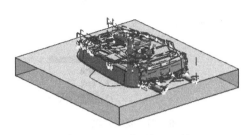
图 5-103 "二次开粗"刀轨

图 5-104 "二次开粗"实体仿真效果

3. 尾部槽精加工

1）单击"插入"工具栏中的"创建操作" 按钮，在弹出的对话框的**类型**下拉框中选择 mill_planar ，在**操作子类型**区域中选择 ，在**程序**下拉框中选择"PROGRAM_GDJJG"，在**刀具**下拉框中选择"D2"，在几何体下拉框中选择"WORKPIECE"，在**方法**下拉框中选择"MILL_FINISH"。单击 确定 按钮，系统弹出如图 5-105 所示"面铣削区域"对话框。

2）单击指定切削区域按钮 ，拾取如图 5-106 所示尾部槽底面作为切削区域。

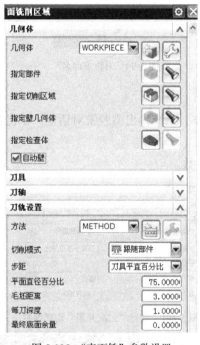
图 5-105 "表面铣"参数设置

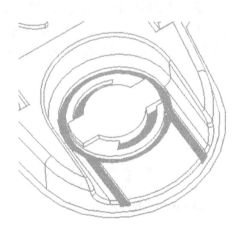
图 5-106 拾取"尾部槽"切削区域

3）勾选 自动壁复选框，按如图 5-107 所示设置切削参数。

4）单击"进给率和速度"按钮 ，设置主轴转速为 6000r/min，切削速度为 300mm/min。

5）单击"刀轨生成"按钮 ，生成如图 5-107 所示刀具轨迹。单击"确认"按钮 ，在系统弹出的"刀轨可视化"对话框中进行"2D 动态"仿真，仿真效果如图 5-108 所示。

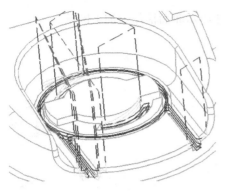

图 5-107　"尾部槽"刀轨

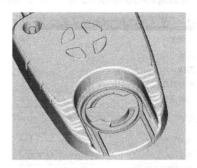

图 5-108　"尾部槽"实体仿真效果

4. 两侧 L 形槽精加工

加工子类型、切削方式、刀具、进给率与速度的设置和尾部槽相同。

1）拾取如图 5-109 所示两侧 L 形槽底面作为切削区域。

2）按图 5-110 所示设置"毛坯距离"与"每刀深度"。

图 5-109　拾取"L 形槽"切削区域

图 5-110　设置"L 形槽"切削参数

3）单击"刀轨生成"按钮 ，生成如图 5-111 所示刀具轨迹。单击"确认"按钮 ，在系统弹出的"刀轨可视化"对话框中进行"2D 动态"仿真，仿真效果如图 5-112 所示。

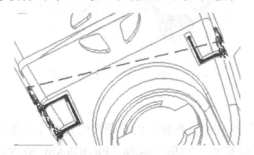

图 5-111　"L 形槽"刀轨

图 5-112　"L 形槽"实体仿真效果

5. 上方陡峭锥孔加工

1）单击"插入"工具栏中的"创建操作" 按钮，在弹出的对话框的 **类型** 下拉框中选择 **mill_contour**，在 **操作子类型** 区域中选择 ，在 **程序** 下拉框中选择"PROGRAM_XQXJG"，在 **刀具** 下拉框中选择"D2"，在几何体下拉框中选择"WORKPIECE"，在 **方法** 下拉框中选择"MILL_FINISH"。单击 **确定** 按钮，系统弹出如图 5-113 所示"深度加工拐角"对话框。

2）单击 指定切削区域 按钮，拾取如图 5-114 所示曲面槽作为加工区域。

图 5-113　"深度加工拐角"对话框

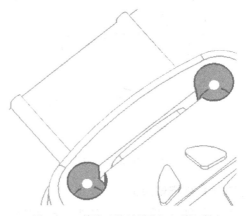

图 5-114　拾取"陡峭锥孔"切削区域

3）按图 5-113 所示设置相关参数。

4）单击"进给率和速度"按钮，设置主轴转速为 6000r/min，切削速度为 1000mm/min。

5）单击"刀轨生成"按钮，生成如图 5-115 所示刀具轨迹。单击"确认"按钮，在系统弹出的"刀轨可视化"对话框中进行"2D 动态"仿真，仿真效果如图 5-116 所示。

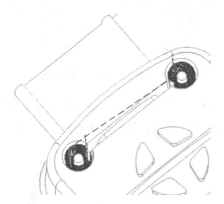

图 5-115　"陡峭锥孔"刀轨

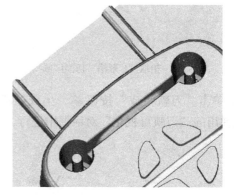

图 5-116　"陡峭锥孔"实体仿真效果

6. 中间槽加工

1）单击"插入"工具栏中的"创建操作"按钮，在弹出的对话框的 类型 下拉框中选择 mill_contour，在 操作子类型 区域中选择，在 程序 下拉框中选择"PROGRAM_XQXJG"，在 刀具 下拉框中选择"B2"，在几何体下拉框中选择"WORKPIECE"，在 方法 下拉框中选择"MILL_FINISH"。单击 确定 按钮，系统弹出"流线铣"对话框。

2）单击对话框中的 指定切削区域 按钮，拾取如图 5-117 所示曲面槽作为加工区域。

3）选择 驱动方法 为 流线，单击与其对应的编辑按钮，按如图 5-118 所示设置"流线驱动方法"对话框。

4）单击"进给率和速度"按钮，设置主轴转速为 6000r/min，切削速度为 200mm/min。

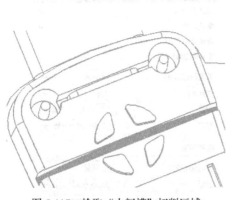

图 5-117 拾取"中间槽"切削区域

图 5-118 "流线驱动方法"对话框

5）单击"刀轨生成"按钮 ，生成如图 5-119 所示刀具轨迹。单击"确认"按钮 ，在系统弹出的"刀轨可视化"对话框中进行"2D 动态"仿真，仿真效果如图 5-120 所示。

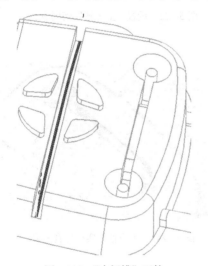

图 5-119 "中间槽"刀轨

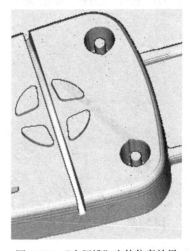

图 5-120 "中间槽"实体仿真效果

7. 上方槽加工

1）单击"插入"工具栏中的"创建操作" 按钮，在弹出的对话框的**类型**下拉框中选择 mill_contour ，在**操作子类型**区域中选择 ，在**程序**下拉框中选择"PROGRAM_XQXJG"，在**刀具**下拉框中选择"B2"，在**几何体**下拉框中选择"WORKPIECE"，在**方法**下拉框中选择"MILL_FINISH"。单击 确定 按钮，系统弹出"清根参考刀具"对话框。

2）单击 指定切削区域 按钮 ，拾取如图 5-121 所示曲面槽作为加工区域。

3）选取 **驱动方法** 为 清根 ，单击与其对应的编辑按钮 ，按如图 5-122 所示设置相关切削参数。

4）单击"进给率和速度"按钮 ，设置主轴转速为 6000r/min，切削速度为 500mm/min。

5）单击"刀轨生成"按钮 ，生成如图 5-123 所示刀具轨迹。单击"确认"按钮 ，在系统弹出的"刀轨可视化"对话框中进行"2D 动态"仿真，仿真效果如图 5-124 所示。

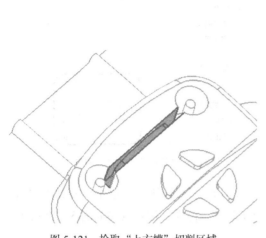

图 5-121 拾取"上方槽"切削区域　　　　图 5-122 设置"上方槽"切削参数

图 5-123 "上方槽"刀轨　　　　图 5-124 "上方槽"实体仿真效果

8. 导流部分加工

1）单击"插入"工具栏中的"创建操作" 按钮，在弹出的对话框的**类型**下拉框中选择 mill_contour，在**操作子类型**区域中选择，在**程序**下拉框中选择"PROGRAM_XQXJG"，在**刀具**下拉框中选择"B2"，在**几何体**下拉框中选择"WORKPIECE"，在**方法**下拉框中选择"MILL_FINISH"。单击 确定 按钮，系统弹出"轮廓区域"对话框。

2）单击**指定切削区域** 按钮，拾取如图 5-125 所示曲面槽作为加工区域。

3）选择 **驱动方法** 为 区域铣削，单击与其对应的编辑按钮，按如图 5-126 所示设置"区域铣削驱动方法"对话框中的相关参数。

4）单击"进给率和速度"按钮，设置主轴转速为 6000r/min，切削速度为 1000mm/min。

5）单击"刀轨生成"按钮，生成如图 5-127 所示刀具轨迹。单击"确认"按钮，在系统弹出的"刀轨可视化"对话框中进行"2D 动态"仿真，仿真效果如图 5-128 所示。

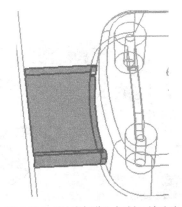

图 5-125　"导流部分"切削区域选取

图 5-126　"区域铣削驱动方法"对话框

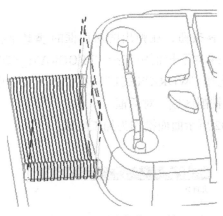

图 5-127　"导流部分"刀轨

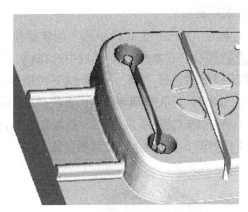

图 5-128　"导流部分"实体仿真效果

9. 整体曲面加工

1）单击"插入"工具栏中的"创建操作" 按钮，在弹出的对话框的 **类型** 下拉框中选择 mill_contour，在 **操作子类型** 区域中选择 ，在 **程序** 下拉框中选择 "PROGRAM_XQXJG"，在 **刀具** 下拉框中选择 "B5"，在 **几何体** 下拉框中选择 "WORKPIECE"，在 **方法** 下拉框中选择 "MILL_FINISH"。单击 **确定** 按钮，系统弹出"轮廓区域"对话框。

2）单击 **指定切削区域** 按钮 ，拾取如图 5-129 所示曲面槽作为加工区域。

3）选取 **驱动方法** 为 **区域铣削**，切削参数设置如图 5-126 所示。

4）单击"进给率和速度"按钮 ，设置主轴转速为 6000r/min，切削速度为 1000mm/min。

5）单击"刀轨生成"按钮 ，生成如图 5-130 所示刀具轨迹。单击"确认"按钮 ，在系统弹出的"刀轨可视化"对话框中进行"2D 动态"仿真，仿真效果如图 5-131 所示。

图 5-129　拾取"整体曲面"切削区域

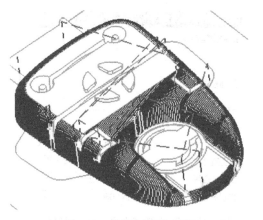

图 5-130　"整体曲面"刀轨

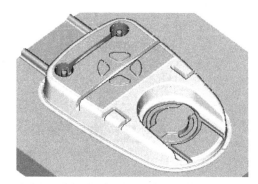

图 5-131　"整体曲面"实体仿真效果

10. 表平面加工

1）单击"插入"工具栏中的"创建操作" 按钮，在弹出的对话框的 **类型** 下拉框中选择 mill_planar，在 **操作子类型** 区域中选择 ，在 **程序** 下拉框中选择 "PROGRAM_XQXJG"，在 **刀具** 下拉框中选择 "D6"，在 **几何体** 下拉框中选择 "WORKPIECE"，在 **方法** 下拉框中选择 "MILL_FINISH"。单击 **确定** 按钮，系统弹出"面铣削区域"对话框。

2）单击 **指定切削区域** 按钮 ，拾取如图 5-132 所示曲面槽作为加工区域。

3）按如图 5-133 所示设置切削参数。

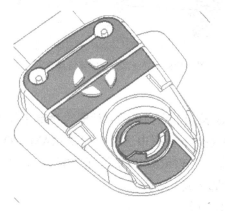

图 5-132　拾取"表平面"切削区域

图 5-133　设置切削参数

4）单击"进给率和速度"按钮 ，设置主轴转速为 3000r/min，切削速度为 400mm/min。

5）单击"刀轨生成"按钮 ，生成如图 5-134 所示刀具轨迹。单击"确认"按钮 ，在系统弹出的"刀轨可视化"对话框中进行"2D 动态"仿真，仿真效果如图 5-135 所示。

11. 底平面加工

操作步骤参见表平面加工。底平面加工时，刀具选用 D20 键槽铣刀，设置主轴转速为 1500r/min，切削速度为 300mm/min。切削区域选取如图 5-136 所示，刀具轨迹如图 5-137 所示，实体仿真效果如图 5-138 所示。

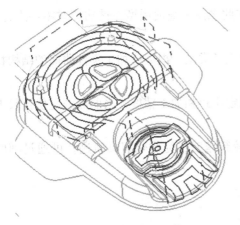

图 5-134　"表平面"刀轨

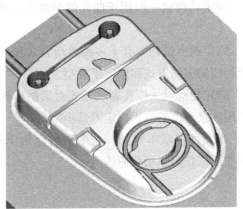

图 5-135　"表平面"实体仿真效果

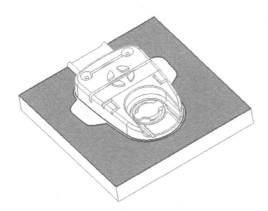

图 5-136　拾取"底平面"切削区域

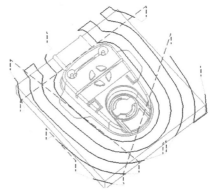

图 5-137　"底平面"刀轨

图 5-138　"底平面"实体仿真效果

5.5　项目小结

本项目详细介绍了集成盒模具型芯零件加工的全过程，并针对固定轮廓铣的不同加工子类型给出了相应的加工实例。读者在使用固定轮廓铣模块时需要注意以下几点：

1）固定轮廓铣一般用于曲面的精加工，在此之前一般使用型腔铣功能对零件进行粗加工。

2）固定轮廓铣功能有十多种驱动方式和加工子类型，根据待加工零件曲面的结构特点，可选择相应的驱动方式和加工子类型。

3）固定轮廓铣一般在驱动方式对话框中确定步距和加工精度。当曲面的起伏比较大时，一般选用残余高度的方式确定刀具步距。

4）当曲面形状不规则，曲率正负变化比较频繁时，为优化刀具轨迹，可通过辅助点、曲线和曲面来作为驱动几何体。

6

项目6 点位加工

点位加工是一种十分常用的机械加工方法,点位加工可以创建定位、钻孔、扩孔、攻螺纹、镗孔、锪孔等操作。UG NX8 可为各种定位加工创建刀具轨迹、生成数控加工程序。

各类点位加工的刀具路径具有相似性:孔中心位置的精确定位,以快速或进刀速度移动至操作安全点,以切削速度运动至零件表面上的加工位置点,以切削速度或循环进给率加工至孔最深处,孔底动作(暂停、让刀等),以退刀速度或快进速度退回操作安全点,快速运行至安全平面。

UG 生成的点位加工刀轨信息可以导出,以便创建一个刀位置源文件(CLSF)。通过使用图形后处理器模块,CLSF 可与大多数控制器和机床组合兼容,生成相应的程序,用户只须确保由系统生成的循环命令语句和机床的数控系统相匹配即可。

本项目通过几个实例详细讲解了定位、钻孔、扩孔、铰孔、镗孔、螺纹加工等点位加工子类型及其操作步骤。并运用常用的点位加工子类型完成夹具连接块的加工。

> 点位加工子类型。
> 点位加工几何体。
> 点位加工循环类型。
> 点位加工循环参数组。
> 综合运用点位加工子类型完成连接块的加工。

6.1 项目描述

打开下载文件 sample/source/06/dwjg.prt,完成如图 6-1 所示夹具连接块上孔系的加工,零件外形已加工完成,三个 $\phi40$mm 的孔已预钻至 $\phi35$mm,零件材料为 45 钢。

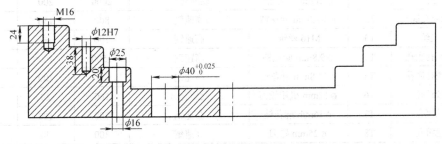

图 6-1 夹具连接块

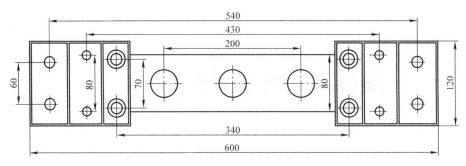

图 6-1 夹具连接块（续）

6.2 项目分析

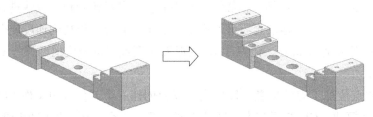

1. 加工方案

本项目为孔系的加工，由四个 M16 的螺纹孔、四个 ϕ12H7 销孔、四个 ϕ16mm/ϕ25mm 的沉孔，三个 $\phi 40_{0}^{+0.025}$mm 孔组成。

螺纹孔的加工工艺为：定→钻→攻丝；销孔的加工工艺为：定→钻→扩→铰；沉孔的加工工艺为：定→钻→锪（铣）；三个 ϕ40mm 孔的加工工艺为：粗镗→精镗。

2. 刀具及切削用量的选取

由于工件的材料为 45 钢，选用高速钢与硬质合金材料的刀具。本例加工刀具及切削用量见表 6-1。

表 6-1　加工刀具及切削用量

加工工序		刀具与切削参数					
		刀具规格			主轴转速	进给率	背吃刀量
序号	加工内容	刀号	刀具名称	材料	/(r/min)	/(mm/min)	/mm
1	定位	T1	ϕ10mm 中心钻	硬质合金	2000	200	3
2	钻螺纹孔底孔	T2	ϕ14.2mm 麻花钻	高速钢	800	150	3
3	攻丝	T3	M16 丝锥	高速钢	100	—	—
4	钻销孔底孔	T4	ϕ9.8mm 麻花钻	高速钢	1500	100	2.5
5	扩销孔底孔	T5	ϕ11.8mm 麻花钻	高速钢	1200	100	3
6	铰销孔	T6	ϕ12mm 机用铰刀	硬质合金	100	20	0.2
7	钻沉孔	T7	ϕ16mm 麻花钻	高速钢	700	100	3
8	锪沉孔	T8	ϕ25mm 锪刀	高速钢	300	40	2
9	粗镗	T9	粗镗刀	硬质合金（刀头部分）	500	100	4
10	精镗	T10	精镗刀	硬质合金（刀头部分）	1000	80	0.3

3. 项目难点

1）点位加工子类型的功能与区别。

2）点位加工加工工艺的确定。

3）点位加工的参数设置。

4）选用合适的加工方式、工艺路线完成零件的加工。

6.3　点位加工实例

6.3.1　加工子类型

单击标准工具栏中的【开始】→【加工】，在弹出的"加工环境"对话框中选择 CAM 会话配置为 cam_general，选择要创建的 CAM 设置为 drill，单击 确定 进入加工界面。

单击创建操作按钮 ，系统弹出"创建工序"对话框，点位加工子类型如图 6-2 所示。

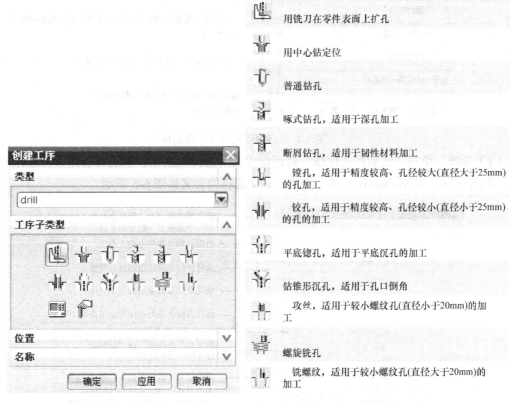

用铣刀在零件表面上扩孔

用中心钻定位

普通钻孔

啄式钻孔，适用于深孔加工

断屑钻孔，适用于韧性材料加工

镗孔，适用于精度较高、孔径较大(直径大于25mm)的孔加工

铰孔，适用于精度较高、孔径较小(直径小于25mm)的孔的加工

平底锪孔，适用于平底沉孔的加工

钻锥形沉孔，适用于孔口倒角

攻丝，适用于较小螺纹孔(直径小于20mm)的加工

螺旋铣孔

铣螺纹，适用于较小螺纹孔(直径大于20mm)的加工

图 6-2　点位加工子类型

6.3.2　加工几何体

为创建点位加工轨迹，需要定义点位加工几何体。如图 6-3 所示，点位加工几何体设置包括指定孔（加工位置）、指定顶面和指定底面三大要素，其中"指定孔"是必须指定的。

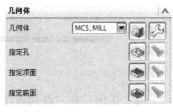

图 6-3　"点位加工"几何体

1. 指定孔（加工位置）

"指定孔"用于定义加工孔的位置，单击"指定孔" 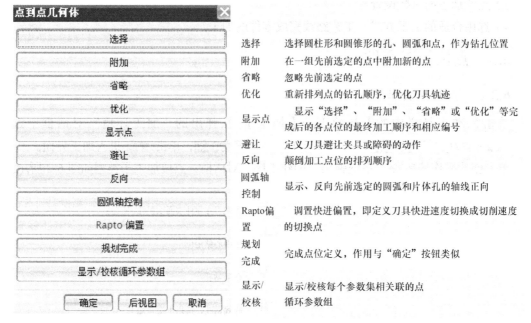 按钮，系统弹出如图 6-4 所示"点到点几何体"对话框。对话框中列出与位置设定相关的 11 个选项。

选择	选择圆柱形和圆锥形的孔、圆弧和点，作为钻孔位置
附加	在一组先前选定的点中附加新的点
省略	忽略先前选定的点
优化	重新排列点的钻孔顺序，优化刀具轨迹
显示点	显示"选择"、"附加"、"省略"或"优化"等完成后的各点位的最终加工顺序和相应编号
避让	定义刀具避让夹具或障碍的动作
反向	颠倒加工点位的排列顺序
圆弧轴控制	显示、反向先前选定的圆弧和片体孔的轴线正向
Rapto 偏置	调置快进偏置，即定义刀具快进速度切换成切削速度的切换点
规划完成	完成点位定义，作用与"确定"按钮类似
显示/校核	显示/校核每个参数集相关联的点循环参数组

图 6-4 "点到点几何体"对话框

（1）选择 单击"点到点几何体"对话框中的"选择"按钮，系统自动弹出孔选择对话框，用于选择孔、圆弧或点作为加工位置，各个选项的含义如图 6-5 所示。

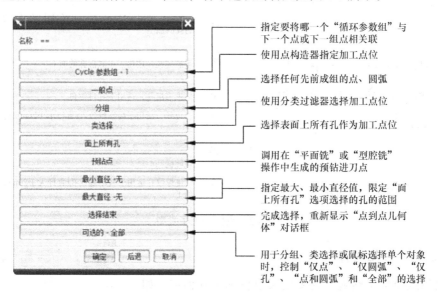

- 指定要将哪一个"循环参数组"与下一个点或下一组点相关联
- 使用点构造器指定加工点位
- 选择任何先前成组的点、圆弧
- 使用分类过滤器选择加工点位
- 选择表面上所有孔作为加工点位
- 调用在"平面铣"或"型腔铣"操作中生成的预钻进刀点
- 指定最大、最小直径值，限定"面上所有孔"选项选择的孔的范围
- 完成选择，重新显示"点到点几何体"对话框
- 用于分组、类选择或鼠标选择单个对象时，控制"仅点"、"仅圆弧"、"仅孔"、"点和圆弧"和"全部"的选择

图 6-5 "选择孔"对话框

（2）优化 在"点到点几何体"对话框中，单击"优化"按钮，系统自动弹出孔位优化对话框，如图 6-6 所示。使用此功能可以重新安排刀轨中点的顺序。通常，对重新排列加工

顺序是为了生成刀具运动最快的刀轨，提高加工效率。同时，由于其他加工约束条件（如夹具位置、机床行程限制、加工台大小等），还可将刀轨限定在水平或竖直区域（带）内。

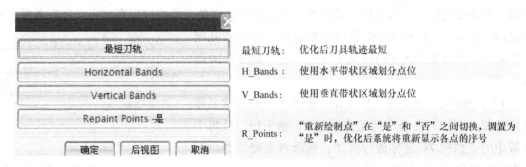

图 6-6 "优化孔"对话框

1）最短刀轨。在孔位优化对话框中，单击"最短刀轨"按钮，系统自动弹出最短刀轨优化对话框，如图 6-7 所示。这种优化方式允许处理器根据最短加工时间来对加工点排序，该方法通常被作为首选方法，尤其是当点的数量很大（多于 30 个点）且需要使用可变刀轴时。但是，与其他优化方法相比，最短刀轨方法可能需要更多的处理时间。

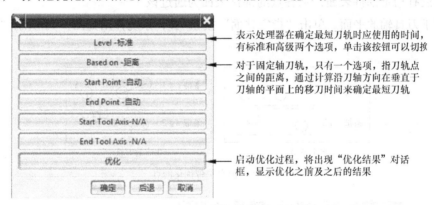

图 6-7 "最短刀轨"对话框

2）H_Bands。在孔位优化对话框中，单击 Horizontal Bands（水平带）按钮，系统弹出如图 6-8 所示对话框，可以定义一系列水平带，以包含和引导刀具沿平行于工作坐标 *XC* 轴的方向往复运动。每个条带由一对水平直线定义，系统按照定义顺序来对这些条带进行排序。

图 6-8 "升序 / 降序"对话框

如图 6-9 所示，如果选择"升序"选项，系统将按照从最小 *XC* 值到最大 *XC* 值的顺序，对第一个条带中和随后的所有奇数编号的条带（1、3、5 等）中的点进行排序。对于第二个条带和所有后续偶数带（2、4、6 等）中的点，按照从最大 *XC* 值到最小 *XC* 值的顺序排序。

如果选择"降序"选项，系统对奇数带（1、3、5 等）中的点按照从最大 *XC* 值到最小 *XC* 值的顺序排序，对偶数带（2、4、6 等）中的点按照从最小 *XC* 值到最大 *XC* 值的顺序排序。

单击"升序"或"降序"按钮，使用屏幕光标在屏幕上选择一个点，系统沿通过该点生成一条平行于 XC 轴的水平线作为第一个水平条带的第一条直线。接下来，用相同的方法生成第一个条带的第二条水平线。重复为每个条带定义两条直线的过程直至定义所有条带，然后选择"确定"。系统对刀位点排序并返回"点到点几何体"菜单。由水平带优化的点及生成的刀轨，如图 6-10 所示。

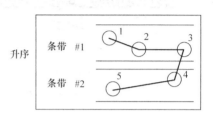

3）V_Bands。竖直带（Vertical Bands）与通过水平带优化类似，区别只是条带与工作坐标 YC 轴平行，且每个条带中的点根据 YC 坐标进行排序。系统将省略那些虽然选中但未包含在任何条带中的刀位点。

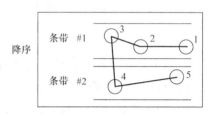

2. 指定顶面

"顶面"是指刀具开始切入材料的位置，可以为实体上存在的面，也可以是一般平面。一个操作只能指定一个部件表面，因此系统认为所有加工点的孔入口高度位置相同。如果没有指定部件表面，则各点的部件表面为通过该点并垂直于刀具轴的平面。单击"指定顶面"按钮 ⬡，系统弹出如图 6-11 所示"顶面"对话框。

图 6-9　刀位点的升序和降序排列

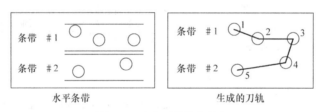

图 6-10　由水平带优化的点

图 6-11　"顶面"对话框

"面"：选择部件上的某个表面作为顶面；"平面"：使用平面构造器定义顶面；"ZC 常数"：定义一个垂直于 ZC 轴，并距 XC-YC 平面有一定距离的平面作为部件表面；"无"：移除先前指定的部件表面，系统通过该点并垂直于刀具轴的平面生成顶面。

3. 指定底面

底面指定钻孔的最低极限深度，可以为实体上存在的面，也可以是一般平面。当选择钻孔深度的方法为"至底面"或"穿过底面"时，需要指定底面。单击"指定底面"图标 ⬡，弹出"底面"对话框，其设置方法与"顶面"的设置方法相同。

6.3.3　循环类型

在点位加工中，实际的工件可能含有不同类型的孔，需要采用不同的加工方式，如标准钻、啄钻、深孔加工、攻丝和镗孔等。这些加工方式有的属于连续加工，有的属于断续加工，因此，它们的刀具切削运动不同。为了满足不同类型的孔的加工要求，除了在创建操作时指定操作子类型外，还可以在"循环类型"下拉选项框中，选择所需的钻孔循环类型，实现不同类型孔的加工，如图 6-12 所示。

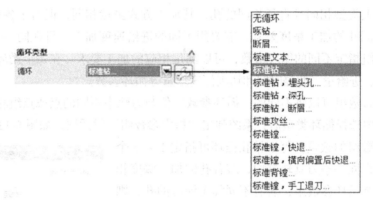

图 6-12　"循环类型"对话框

"无循环"：非循环加工，取消任何活动的循环。

"啄钻"：包含一系列以递增的中间增量钻孔，每次"钻入"后都退出顶面，用于排屑。

"断屑"：完成每次的增量钻孔深度后，刀具退到距当前深度之上一定"距离"的点处，用于断屑。

"标准文本"：根据输入的 APT 命令和参数生成一个循环。

"标准钻"：刀具迅速移动到点位上方，接着以循环进给速度钻削至要求的孔深，最后快速退回至安全点，然后到下一个点位，进行新的循环。

"标准钻，埋头孔"：与标准钻不同，钻孔深度是根据埋头孔直径和刀尖角计算得出的。

"标准钻，深孔"：与标准钻不同，刀具间隙进给，即到达每个新的增量深度后以快速进给率从孔中退出，以利排屑。

"标准钻，断屑"：与"标准钻，深孔"不同，完成每个增量后不是退刀至孔外，而是退一个较小的距离，钻至最终深度后才以快速进给率从孔中退出。

"标准攻丝"：用于攻丝加工，与标准钻不同，以攻丝方式进给至孔底后，主轴反转，以切削速度从孔中退出。

"标准镗"：与标准钻不同，刀具以切削速度进给至孔底，再以切削速度退回。

"标准镗，快退"：与标准镗不同，刀具以切削速度进给至孔底，主轴停止，以快速进给率从孔中退出。

"标准镗，横向偏置后快退"：与标准镗不同，刀具以切削速度进给至孔底后，主轴停止并定向、横向让刀，快速从孔中退刀至安全点后，退回让刀值，主轴再次启动。

"标准背镗"：与标准镗不同，镗孔过程在退刀时完成。刀具在孔上方完成主轴的停转、定向、偏置等动作，再将主轴送入孔底，在孔底返回偏置值、主轴正转、以切削方式退出孔外。

"标准镗，手工退刀"：与标准镗不同，进给到指定深度，主轴停止和程序停止，操作人员手动方式将刀具退出孔外。

6.3.4 循环参数组

1. 循环参数组

对于零件上类型相同且直径相同的孔，其加工方式虽然相同，但由于各孔的深度不同，或者为满足不同孔的加工精度要求，需要用不同的进给速度加工。可在同一个钻孔循环中，通过循环参数组指定不同的循环参数，可以满足相应的加工要求。在每个循环参数组中可以指定加工深度、进给量、暂停时间和切削深度增量等循环参数。

使用循环参数组可以将不同的"循环参数"值与刀轨中不同的点或点组相关联。从循环类型下拉列表中选择循环类型后，系统弹出"指定参数组"对话框，如图 6-13 所示。输入要定义的循环参数组的数量，每个钻孔循环可指定 1 ~ 5 个循环参数组。在同一条刀具轨迹中，若各孔的加工深度相同，则指定 1 个循环参数组；若有不同加工深度的孔，则应指定相应数量的循环参数组。

图 6-13 "指定参数组"对话框

2. 循环参数的设置

指定循环参数组的数量后，单击"确定"按钮，系统弹出如图 6-14 所示"Cycle 参数"对话框，可为每个循环参数组设置相应的循环参数，这些参数详细指定了刀具将如何执行所需的操作。

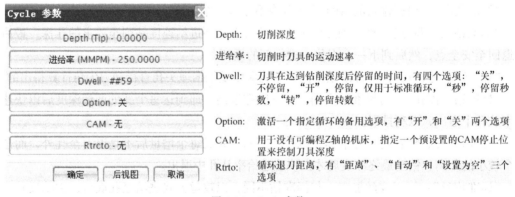

Depth: 切削深度

进给率: 切削时刀具的运动速率

Dwell: 刀具在达到钻削深度后停留的时间，有四个选项："关"，不停留，"开"，停留，仅用于标准循环，"秒"，停留秒数，"转"，停留转数

Option: 激活一个指定循环的备用选项，有"开"和"关"两个选项

CAM: 用于没有可编程Z轴的机床，指定一个预设置的CAM停止位置来控制刀具深度

Rtrto: 循环退刀距离，有"距离"、"自动"和"设置为空"三个选项

图 6-14 Cycle 参数

3. Cycle 深度

单击"Depth"按钮，弹出 6-15 所示"Cycle 深度"对话框，系统提供了六种确定钻削深度的方法。图 6-16 所示为各深度指定方法的示意图。

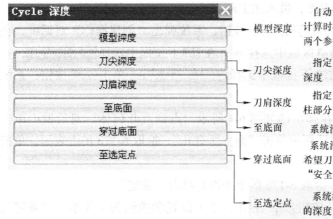

模型深度 | 自动计算实体中每个孔的深度(对于通过和不通孔，计算时将分别考虑"通孔安全距离"和"不通孔余量"两个参数)

刀尖深度 | 指定了一个正值，该值为从部件表面沿刀轴到刀尖的深度

刀肩深度 | 指定了一个正值，该值为从部件表面沿刀轴到刀具圆柱部分的底部(刀肩)的深度

至底面 | 系统沿刀轴计算的刀尖接触到底面所需的深度

穿过底面 | 系统沿刀轴计算的刀肩接触到底面所需的深度，如果希望刀肩越过底面，可以在定义"底面"时指定一个"安全距离"。底面在"钻孔"对话框中指定

至选定点 | 系统沿刀轴计算的从部件表面到选定点的ZC坐标间的深度

图 6-15 Cycle 深度

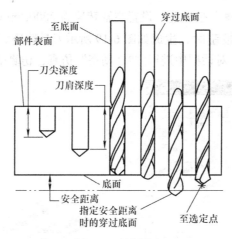

图 6-16 钻削深度

6.3.5 定位与钻孔

例 1：运用"定位与钻孔"功能，完成如图 6-17b 所示孔的加工，零件毛坯（图 6-17a）与刀具已设置完成。

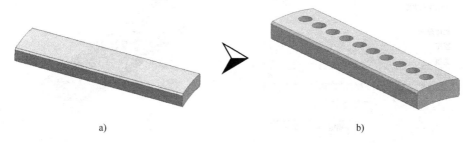

a)　　　　　　　　　　　　　　　　b)

图 6-17 "定位与钻孔"示例

1）单击打开下载文件 sample/source/06/d&z.prt，如图 6-17b 所示模型被调入系统。

2）单击下拉菜单 开始 → 加工(N)，在系统弹出的"加工环境"对话框中，将

要创建的 CAM 设置设置为 drill，单击 确定 ，进入加工环境。

3）单击"插入"工具栏中的"创建操作" 按钮，系统弹出"创建操作"对话框，在类型下拉框中选择 drill，在工序子类型区域中选择 ，在刀具下拉框中选择 SP_10 (钻刀)，在几何体下拉框中选择 WORKPIECE，在方法下拉框中选择 DRILL_METHOD。单击 确定 按钮，系统弹出如图 6-18 所示"定心钻"对话框。

4）单击"指定孔"按钮 ，在弹出的如图 6-4 所示"点到点几何体"对话框中单击"选择"，在图 6-5 所示"选择孔"对话框中单击"面上所有孔"，拾取 6-17b 的上表面，单击"确定"。

5）单击"指定顶面"按钮 ，拾取 6-17b 的上表面并单击"确定"。

6）单击图 6-18 所示的"循环"按钮 ，在图 6-13 中设置参数组为 1 并单击"确定"，单击图 6-14 所示的"Depth"按钮，单击图 6-15 所示对话框中"刀尖深度"按钮，输入定位深度为 3mm 并单击"确认"。

7）单击"进给率和速度"按钮 ，设置主轴转速为 2000r/min，切削率为 200mm/min。

8）单击"刀轨生成"按钮 ，生成如图 6-19 所示刀具轨迹。单击"确认"按钮 ，在系统弹出的"刀轨可视化"对话框中进行"2D 动态"仿真，仿真效果如图 6-20 所示。

图 6-18 "定心钻"对话框

图 6-19 定位刀具轨迹

图 6-20 定位仿真效果

9）单击"插入"工具栏中的"创建操作" 按钮，在操作子类型区域中选择 ，在刀具下拉框中选择 DR_15 (钻刀)，其他选项与定位相同，单击"确定"，系统弹出如图 6-21 所示

"钻"对话框。

10）单击"指定孔"按钮 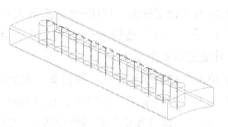，拾取面上所有孔作为加工对象，操作与步骤 4 相同。顶面的指定与步骤 5 相同。

11）单击"指定底面"按钮，拾取图 6-17b 所示下表面作为底面。单击图 6-21 中的"循环"按钮，设置钻孔深度为"穿过底面"，其他选项不作变化。

12）单击"进给率和速度"按钮，设置主轴转速为 1000r/min，切削率为 100mm/min。

13）单击"刀轨生成"按钮，生成如图 6-22 所示刀具轨迹。单击"确认"按钮，在系统弹出的"刀轨可视化"对话框中进行"2D 动态"仿真，仿真效果如图 6-23 所示。

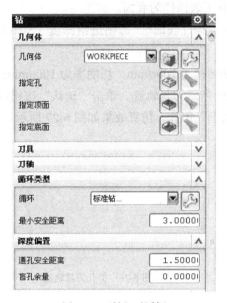

图 6-21　"钻"对话框

图 6-22　钻孔刀具轨迹

图 6-23　钻孔仿真效果

6.3.6　扩孔与倒角

例 2：运用"扩孔与倒角"功能，完成如图 6-24b 所示孔的加工，零件毛坯（图 6-24a）与刀具已设置完成。

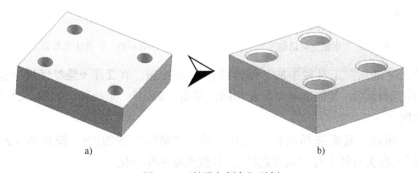

a)　　　　　　b)

图 6-24　"扩孔与倒角"示例

1）单击打开下载文件 sample/source/06/k&d.prt，如图 6-24b 所示模型被调入系统。

2）单击下拉菜单 开始 → 加工(N)，在系统弹出的"加工环境"对话框中，将

要创建的 CAM 设置设置为`drill`，单击 **确定**，进入加工环境。

3）单击"插入"工具栏中的"创建操作" 按钮，系统弹出"创建操作"对话框，在**类型**下拉框中选择`drill`，在**工序子类型**区域中选择 ，在刀具下拉框中选择`DR25 (钻刀)`，在几何体下拉框中选择WORKPIECE，在**方法**下拉框中选择`DRILL_METHOD`。单击 **确定** 按钮，系统弹出如图 6-25 所示"啄钻"对话框。

4）单击"指定孔"按钮 ，在弹出的"点到点几何体"对话框中单击"选择"，在弹出的"选择孔"对话框中单击"面上所有孔"，拾取 6-24b 上表面，单击"确定"。

5）单击"指定顶面"按钮 ，拾取 6-24b 上表面作为顶面。

6）单击"指定底面"按钮 ，拾取图 6-24b 下表面作为底面。

7）单击"循环"按钮 ，设置钻孔深度为"穿过底面"，每钻进给深度"Step 值"为 3mm，其他选项不作变化。

8）单击"进给率和速度"按钮 ，设置主轴转速为 200r/min，切削率为 100mm/min。

9）单击"刀轨生成"按钮 ，生成如图 6-26 所示刀具轨迹。单击"确认"按钮 ，在系统弹出的"刀轨可视化"对话框中进行"2D 动态"仿真，仿真效果如图 6-27 所示。

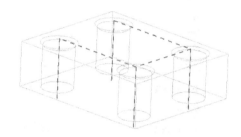

图 6-26　扩孔刀具轨迹

图 6-25　"啄钻"对话框

图 6-27　扩孔仿真效果

10）单击"插入"工具栏中的"创建操作" 按钮，在**工序子类型**区域中选择 ，在刀具下拉框中选择`C50`，其他选项与扩孔相同，单击"确定"，系统弹出如图 6-28 所示"钻埋头孔"对话框。

11）孔、顶面、底面选择与扩孔相同。单击"循环"按钮 ，按如图 6-29 所示设置"Csink 直径"（埋头直径）与"入口直径"，其他选项不作变化。

12）单击"进给率和速度"按钮 ，设置主轴转速为 200r/min，切削率为 80mm/min。

13）单击"刀轨生成"按钮 ，生成如图 6-30 所示刀具轨迹。单击"确认"按钮 ，在系统弹出的"刀轨可视化"对话框中进行"2D 动态"仿真，仿真效果如图 6-31 所示。

图6-28 "钻埋头孔"对话框

图6-29 "钻埋头孔"循环参数设置

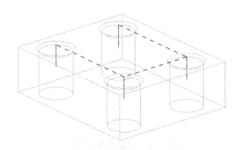

图6-30 倒角刀具轨迹

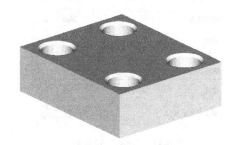

图6-31 倒角仿真效果

6.3.7 攻丝与铣螺纹

例3：运用"攻丝与铣螺纹"功能，完成如图6-32b所示孔的加工，零件毛坯（图6-32a）与刀具已设置完成。

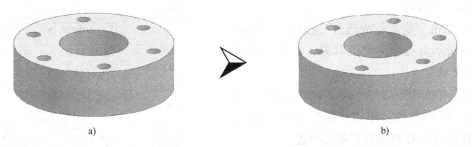

a)   b)

图6-32 "攻丝与铣螺纹"示例

1）单击打开下载文件 sample/source/06/g&x.prt，如图6-32b所示模型被调入系统。

2）单击下拉菜单 🌀 开始▾ → ⬛ 加工(N)，在系统弹出的"加工环境"对话框中，将**要创建的CAM设置**设置为 drill，单击 确定，进入加工环境。

3）单击"插入"工具栏中的"创建操作" ⬛ 按钮，系统弹出"创建操作"对话框，在**类型**下拉框中选择 drill，在**工序子类型**区域中选择 ⬛，在刀具下拉框中选择 T10，在几何体下拉框中选择WORKPIECE，在**方法**下拉框中选择 DRILL_METHOD 。单击 确定 按钮，系统弹出如图 6-33 所示"出屑"对话框。

4）单击"指定孔"按钮，拾取图 6-32b 中六个小螺纹孔并单击"确定"。

5）单击"指定顶面"按钮，拾取 6-32b 的上表面并单击"确定"。

6）单击"循环"按钮，设置钻孔深度为"刀尖深度"15mm。单击"进给率和速度"按钮，设置主轴转速为 100r/min，切削率为 150mm/min。

7）单击"刀轨生成"按钮，生成如图 6-34 所示刀具轨迹。

图 6-33 "出屑"对话框

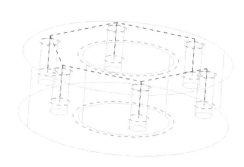

图 6-34 攻丝刀具轨迹

8）单击"插入"工具栏中的"创建操作"按钮，在**工序子类型**区域中选择，在**刀具**下拉框中选择 T20D5 ，其他选项与攻丝相同，单击"确定"，系统弹出如图 6-35 所示"螺纹铣"对话框。

9）单击"指定孔或凸台"按钮，拾取图 6-36 所示大孔作为加工对象，并保证浮动坐标系 Z 轴向上。

10）按如图 6-35 所示设置"轴向"与"径向"切削参数。单击"切削参数"按钮，按如图 6-37 所示设置相关参数。

11）单击"进给率和速度"按钮，设置主轴转速为 300r/min，切削率为 1500mm/min。

12）单击"刀轨生成"按钮，生成如图 6-38 所示刀具轨迹。单击"确认"按钮，在系统弹出的"刀轨可视化"对话框中进行"2D 动态"仿真，仿真效果如图 6-39 所示。

图 6-35 "螺纹铣"对话框

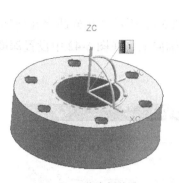

图 6-36 指定螺纹孔

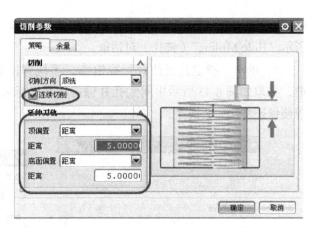

图 6-37 设置切削参数

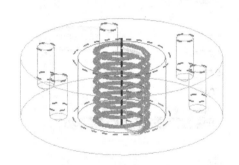

图 6-38 "铣螺纹"刀具轨迹

图 6-39 "铣螺纹"实体仿真效果

6.3.8 螺旋铣与镗孔

例4：运用"螺旋铣与镗孔"功能，完成如图 6-40b 所示孔的加工，零件毛坯（图 6-40a）与刀具已设置完成。

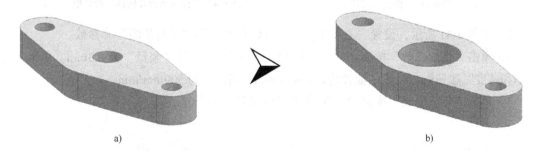

图 6-40 "螺旋铣与镗孔"示例

1）单击打开下载文件 sample/source/06/s&t.prt，如图 6-40b 所示模型被调入系统。

2）单击下拉菜单 开始 → 加工(N)，在系统弹出的"加工环境"对话框中，将**要创建的 CAM 设置**设置为 drill，单击 确定，进入加工环境。

3）单击"插入"工具栏中的"创建操作" 按钮，系统弹出"创建操作"对话框，在**类型**下拉框中选择 drill，在**工序子类型**区域中选择，在**刀具**下拉框中选择 D25，在几何体下拉框中选择 WORKPIECE，在**方法**下拉框中选择 METHOD。单击 **确定** 按钮，系统弹出如图 6-41 所示 "Hole Milling"（铣孔）对话框。

4）单击 "指定孔或凸台" 按钮，系统弹出如图 6-42 所示 "孔或凸台几何体" 对话框，拾取如图 6-43 所示中间大孔并保持动态坐标系 Z 轴向上，在图 6-42 中设置深度为 62，以便保证将孔完全铣穿。

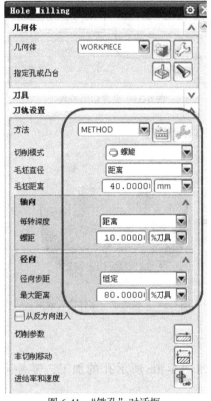

图 6-41 "铣孔" 对话框

图 6-42 "孔或凸台几何体" 对话框

5）按图 6-41 所示，设置 "毛坯距离"、"每转深度" 和 "径向步距" 等参数。

6）单击 "切削参数" 按钮，在弹出的对话框中，设置 "余量" 为 0.3mm。单击 "进给率和速度" 按钮，设置主轴转速为 3000r/min，切削率为 500mm/min。

7）单击 "刀轨生成" 按钮，生成如图 6-44 所示刀具轨迹。

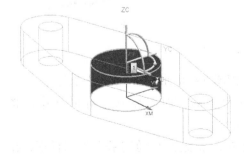

图 6-43 指定孔

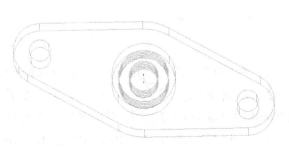

图 6-44 "螺旋铣" 刀具轨迹

8）单击"插入"工具栏中的"创建操作" 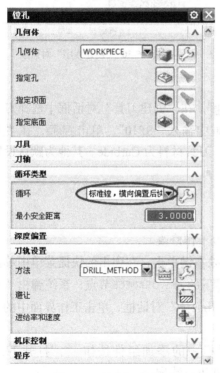按钮，在**工序子类型**区域中选择╬，在**刀具**下拉框中选择 BOR120，在**方法**下拉框选择 DRILL_METHOD，其他参数设置与"铣孔"相同，单击"确定"，系统弹出 如图 6-45 所示"镗孔"对话框。

9）单击"指定孔"按钮，拾取 6-44b 所示中间大孔。单击"指定顶面"按钮，拾取 6-44b 上表面并单击"确定"。单击"指定底面"按钮，拾取图 6-44b 所示下表面作为底面。

10）设置循环方式为"标准镗，横向偏置后快退"，单击"循环"按钮，系统弹出如图 6-46 所示"Cycle/Bore，Nodrag"（退刀设置）对话框，单击"指定"按钮，在图 6-47 所示"方位"对话框中输入定向角度为 90°并单击"确定"，指定设置钻孔深度为"穿过底面"，其他选项不作变化。

11）单击"进给率和速度"按钮，设置主轴转速为 1000r/min，切削率为 200mm/min。单击"刀轨生成"按钮，生成如图 6-48 所示刀具轨迹。

图 6-45 "镗孔"对话框

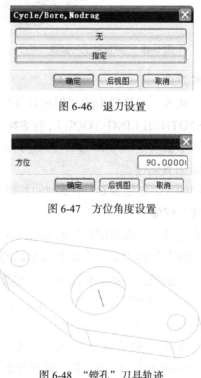

图 6-46 退刀设置

图 6-47 方位角度设置

图 6-48 "镗孔"刀具轨迹

6.4 项目实施

6.4.1 创建父级组

1. 打开文件进入加工环境

1）打开下载文件 sample/source/06/dwjg.prt，如图 6-49 所示模型被调入系统。

2）单击下拉菜单 开始 → 加工(N)，在系统弹出的"加工环境"对话框中，将

要创建的 CAM 设置设置为 drill，单击 确定，进入加工环境。

2. 创建程序

单击"插入"工具栏中"创建程序"按钮 ，系统弹出如图 6-50 所示对话框，在 **程序** 下拉框中选择"PROGRAM"，在 **名称** 栏中输入程序名"PROGRAM_dwjg"。

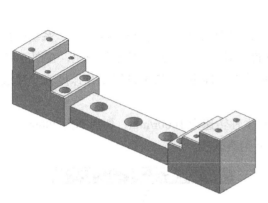

图 6-49 "点位加工"部件

图 6-50 "创建程序"对话框

3. 创建刀具

单击"插入"工具栏中的"创建刀具"按钮 ，在"创建刀具"对话框中选择刀具子类型为 （SPOTDRILLING_TOOL），在 **名称** 文本框中输入"SP10"，单击 确定，在"刀具参数"对话框中输入直径为 10mm，刀具号为 1 号，刀具材料为 Carbide。其他为默认设置，单击 确定 完成刀具创建。

用相同的方法创建表 6-1 中所列的其他刀具。

4. 创建几何体

坐标系与安全平面采用部件的默认设置，此处不作修改。

（1）部件几何体设定 在操作导航器的空白处右键单击，在弹出的快捷菜单中单击几何视图按钮 几何视图，双击坐标节点 MCS_MILL 下的 WORKPIECE 节点，系统弹出"几何体对话框"，单击 指定部件 按钮 ，系统弹出"部件几何体"对话框，单击工作界面中的实体模型，单击 确定 完成部件几何体的创建。

（2）毛坯几何体设定 单击"装配"工具栏中的添加组件按钮 ，打开下载文件 sample/source/06/dwjg_m.prt，以"绝对原点"方式进行装配。

双击 WORKPIECE 节点，在弹出的对话框中，单击 指定毛坯 按钮 ，在系统弹出的"毛坯几何体"对话框中拾取 dwjg_m.prt 组件作为毛坯几何件并单击"确定"。

单击资源条中的"装配导航器"按钮 ，在如图 6-51 所示界面中，去掉 dwjg_m 前的对勾，使毛坯隐藏。

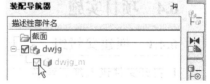

图 6-51 隐藏毛坯

6.4.2 创建操作

1. 定位

1）单击"插入"工具栏中的"创建操作" ![]按钮，系统弹出"创建操作"对话框，在**类型**下拉框中选择`drill`，在**工序子类型**区域中选择![]，在**刀具**下拉框中选择`SP_10（钻刀）`，在**几何体**下拉框中选择WORKPIECE，在**方法**下拉框中选择`DRILL_METHOD`。单击 确定 按钮，系统弹出"定心钻"对话框。

2）单击"指定孔"按钮![]，在弹出的"点到点几何体"对话框中单击"选择"，在弹出的"选择孔"对话框中单击"面上所有孔"，依次拾取如图6-52所示表面，单击"确定"。

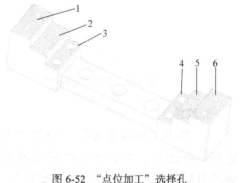

图6-52 "点位加工"选择孔

3）单击"循环"按钮![]，设置循环组为1并单击"确定"，在弹出的循环参数对话框中设置"Depth"为"刀尖深度"方式，数值为3mm并单击"确定"。

4）单击"进给率和速度"按钮![]，设置主轴转速为2000r/min，切削率为200mm/min。

5）单击"刀轨生成"按钮![]，生成如图6-53所示刀具轨迹。单击"确认"按钮![]，在系统弹出的"刀轨可视化"对话框中进行"2D动态"仿真，仿真效果如图6-54所示。

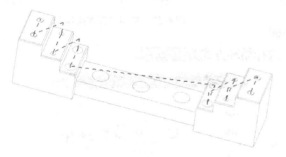

图6-53 "点位加工"定位

图6-54 "定位"实体仿真效果

2. 钻螺纹孔底孔

1）单击"插入"工具栏中的"创建操作"![]按钮，系统弹出"创建操作"对话框，在**类型**下拉框中选择`drill`，在**工序子类型**区域中选择![]，在**刀具**下拉框中选择`DR14.2`，在几何体下拉框中选择WORKPIECE，在**方法**下拉框中选择`DRILL_METHOD`。单击 确定 按钮，系统弹出"啄钻"对话框。

2）单击"指定孔"按钮![]，在弹出的"点到点几何体"对话框中单击"选择"，在弹出的"选择孔"对话框中单击"面上所有孔"，拾取如图6-55所示阴影表面，单击"确定"。

3）单击"循环"按钮![]，设置循环组为1并单击"确定"，在弹出的"循环参数"对话框中设置"Depth"为"刀尖深度"方式，数值为35mm，设置每刀进给深度"step值"为3mm并单击"确定"。

4）单击 进给率和速度 按钮![]，设置主轴转速为800r/min，切削率为150mm/min。

5）单击"刀轨生成"按钮 ，生成如图 6-56 所示刀具轨迹。

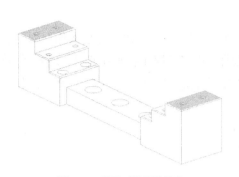

图 6-55　拾取"钻螺纹孔"

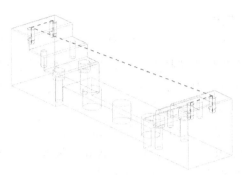

图 6-56　"钻螺纹孔"刀具轨迹

3. 攻丝

1）单击"资源管理器"中的"工序导航器"按钮 ，在如图 6-57 所示界面中右键单击 PECK_DRILLING ，选择"复制"，右键单击，选择"粘贴"，复制出如图 6-58 所示 PECK_DRILLING_COPY 操作。选中此操作，右键单击选择重命名，将操作改名为 TAPPING ，如图 6-59 所示。

2）双击 TAPPING 操作，在弹出如图 6-60

图 6-57　复制"攻丝操作"

所示"啄钻"对话框中将刀具改为 TAP16 ，选择循环方式为 标准攻丝 。

图 6-58　粘贴"攻丝操作"

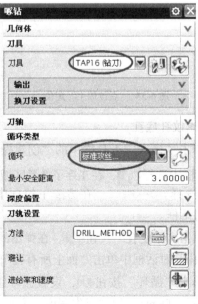

图 6-60　"攻丝"对话框

图 6-59　重命名"攻丝操作"

3）单击"循环"按钮 ，设置循环组为 1 并单击"确定"，在弹出的"循环参数"对话框中设置"Depth"为"刀尖深度"方式,数值为24mm并单击"确定"。

4)单击"进给率和速度"按钮，设置主轴转速为100r/min,切削率为200mm/min。

5)单击"刀轨生成"按钮，生成如图6-61所示刀具轨迹。

4. 钻销孔底孔

1)用与攻丝相同的方法复制、粘贴 PECK_DRILLING ,并将其重命名为 PECK_DRILLING_9.8 ,如图6-62所示。

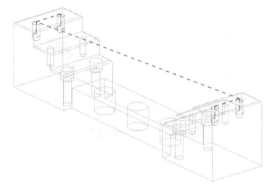

图6-61 "攻丝"刀轨

图6-62 创建"钻销孔操作"

2)双击 PECK_DRILLING_9.8 操作,系统弹出如图6-63所示"啄钻"对话框。将刀具改为 DR9.8 ,选择循环方式为 标准钻,深孔... 。单击"指定孔"按钮，在弹出的"点到点几何体"对话框中单击"选择",在弹出的"选择孔"对话框中单击"面上所有孔",拾取如图6-64所示阴影表面,单击"确定"。

3)单击"循环"按钮，设置循环组为1并单击"确定",在弹出的"循环参数"对话框中设置"Depth"为"刀尖深度"方式,数值为38mm,设置每刀进给深度"step值"为3mm并单击"确定"。

4)单击"进给率和速度"按钮，设置主轴转速为1500r/min,切削率为150mm/min。

5)单击"刀轨生成"按钮，生成如图6-65所示刀具轨迹。

5. 扩销孔底孔

1)用与攻丝相同的方法复制操作 PECK_DRILLING_9.8 ,粘贴并重命名操作为 PECK_DRILLING_11.8 。

2)双击 PECK_DRILLING_11.8 操作,在弹出的对话框中,将刀具改为 DR11.8 。其他设置不变。

3)单击"进给率和速度"按钮，设置主轴转速为1200r/min,切削率为150mm/min。

4)单击"刀轨生成"按钮，生成刀具轨迹。

6. 铰销孔

1)用与攻丝相同的方法复制 PECK_DRILLING_9.8 ,粘贴并重命名操作为 REAMING_12 。

2)双击 REAMING_12 操作,在弹出的对话框中,将刀具改为 RE12 ,选择循环方式为 标准钻... 。

图 6-63　"啄钻"对话框

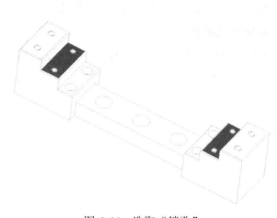

图 6-64　选取"销孔"

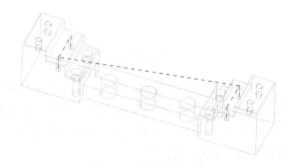

图 6-65　"钻销孔"刀轨

3）单击"循环"按钮 🔧，设置循环组为 1 并单击"确定"，在弹出的"循环参数"对话框中设置"Depth"为"刀尖深度"方式，数值为 33mm。

4）单击"进给率和速度"按钮 📊，设置主轴转速为 100r/min，切削率为 20mm/min。

5）单击"刀轨生成"按钮 📌，生成刀具轨迹。

7. 钻沉孔

1）用与攻丝相同的方法复制、粘贴 PECK_DRILLING，并将其重命名为 PECK_DRILLING_16。

2）双击 PECK_DRILLING_16 操作，在弹出的对话框中单击"指定孔"按钮 📦，在弹出的"点到点几何体"对话框中单击"选择"，在弹出的"选择孔"对话框中单击"面上所有孔"，拾取如图 6-66 所示阴影表面，单击"确定"。将刀具改为 DR16，选择循环方式为 标准钻，深孔...。

3）单击"循环"按钮 🔧，设置循环组为 1 并单击"确定"，在弹出的"循环参数"对话框中设置"Depth"为"刀尖深度"方式，数值为 75mm，设置每刀进给深度"step 值"为 3mm 并单击"确定"。

4）单击"进给率和速度"按钮 📊，设置主轴转速为 800r/min，切削率为 150mm/min。

5）单击"刀轨生成"按钮 📌，生成如图 6-67 所示刀具轨迹。

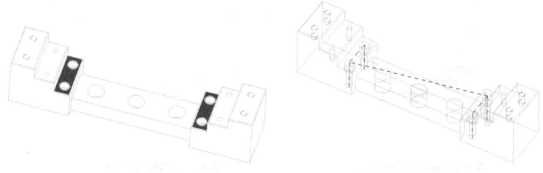

图 6-66 拾取"沉孔"　　　　　　　　图 6-67 "钻沉孔"刀轨

8. 扩沉孔

1）复制、粘贴 `PECK_DRILLING_16`，并将之重命名为 `PECK_DRILLING_25`。

2）双击 `PECK_DRILLING_25` 操作，在弹出的对话框中将刀具修改为 `DR25`。

3）单击"循环"按钮 ，在弹出的如图 6-68 所示"循环参数"对话框中设置"Depth"为"刀尖深度"方式，数值为 20mm，孔底暂停时间为 2s，每刀进给深度"step 值"为 3mm 并单击"确定"。

4）单击"进给率和速度"按钮 ，设置主轴转速为 500r/min，切削率为 100mm/min。

5）单击"刀轨生成"按钮 ，生成如图 6-69 所示刀具轨迹。

图 6-68 "循环参数"设置

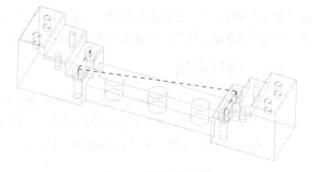

图 6-69 "扩沉孔"刀轨

9. 粗镗大孔

1）复制、粘贴 `PECK_DRILLING_25`，并将其重命名为 `BORING_39.7`。

2）双击 `BORING_39.7` 操作，在系统弹出的对话框中单击"指定孔"按钮 ，在弹出的"点到点几何体"对话框中单击"选择"，在弹出的"选择孔"对话框中单击"面上所有孔"，拾取如图 6-70 所示阴影表面，单击"确定"。将刀具改为 `BOR39.7`，选择循环方式为 `标准镗...`。

3）单击"循环"按钮 ，在弹出的"循环参数"对话框中设置"Depth"为"刀尖深度"方式，数值为 40mm，其他设置不变。

4）单击进给率和速度按钮 ，设置主轴转速为 300r/min，切削率为 40mm/min。

5）单击"刀轨生成"按钮 ，生成如图 6-71 所示刀具轨迹。

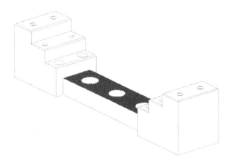

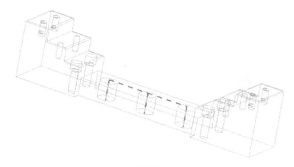

图 6-70 拾取"粗镗孔"   图 6-71 "粗镗孔"刀轨

10. 精镗大孔

1）复制、粘贴BORING_39.7，并将其重命名为BORING_40.2。

2）双击 BORING_40.02 操作，将刀具改为
BOR40.02，选择循环方式为标准镗，横向偏置后快退...。

3）单击"循环"按钮 ，设置指定退刀方位角
为 90°，其他设置不变。

4）单击"进给率和速度"按钮 ，设置主轴转
速为 1000r/min，切削率为 80mm/min。

5）单击"刀轨生成"按钮 ，生成刀具轨迹，单
击"确认"按钮 ，在系统弹出的"刀轨可视化"对
话框中进行 2D 动态仿真，仿真效果图如图 6-72 所示。

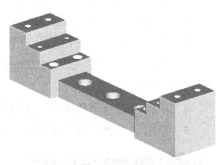

图 6-72 "夹具连接块加工"实体仿真效果

6.5 项目小结

本项目详细介绍了夹具连接块孔系的加工全过程，针对点位加工的不同加工子类型给出
了相应的加工实例，读者在使用点位加工模块时需要注意以下几点：

1）不同类型孔的加工工艺各不相同，只有加工工艺正确，才能有效地保证孔的加工精
度。

2）点位加工几何体相对简单，只需指定孔的位置，顶面和底面。底面的指定可以直接
选取相关平面，也可以通过钻孔深度来确定，用户在实际使用过程中可灵活运用。

3）大孔的粗加工可使用粗镗，也可使用螺旋铣。相对于粗镗，螺旋铣更灵活，刀具更
容易选取和调整，只是螺旋铣的加工效率稍低。

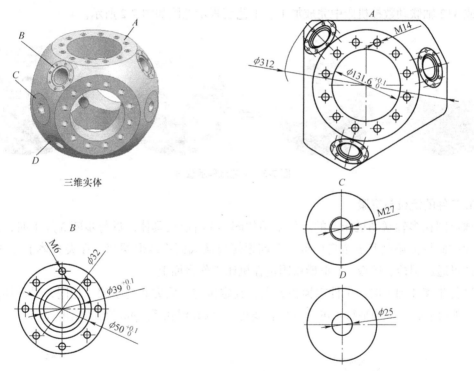

项目 7　多轴定向加工液压阀

7

7.1　项目描述

打开下载文件 sample/source/07/yyqf.prt，完成如图 7-1 所示液压球阀的加工，零件材料为 2Cr13 不锈钢。

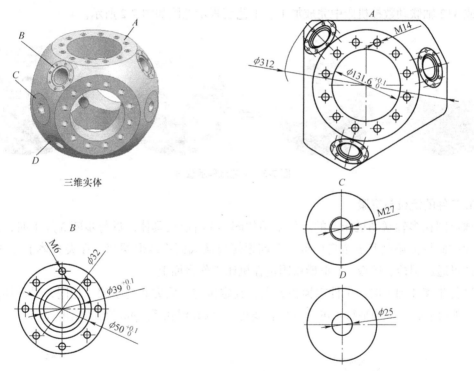

三维实体

图 7-1　液压球阀加工要素

7.2　项目分析

1. 加工要素

需加工的要素有：$S\phi312$ 球体；A 向（五处），平面、$\phi131.6_{0}^{+0.1}$mm 表面粗糙度为 $Ra1.6\mu$m 的孔，M14（孔深 22mm，螺纹深 18mm）螺纹孔；B 向（三处），平面、$\phi50_{0}^{+0.1}$mm 深 3mm 的孔、$\phi39_{0}^{+0.1}$mm 深 32mm 的孔、$\phi32\mu$m 的孔、M6（孔深 15mm 螺纹深 12mm）螺纹孔；C 向（三处），平面、M27（螺纹深 20mm）螺纹孔；D 向（三处），平面、$\phi25$mm 的孔。

这些待加工的平面与孔系分布在球面和不同矢量方向上，宜采用多轴联动的数控机床，进行 3+2 轴定向加工。

2. 工艺流程设计

1）A 向和与之对称的端面及 M14 的螺纹孔可在普通立式三轴联动铣镗类加工中心上完成，并在其中心位置加工 ϕ25mm 的预钻孔。

2）在车床上车削 A 面上 ϕ131.6mm 内孔至尺寸要求，并保证表面精度；以加工好的内孔为基准车削 Sϕ312mm 的球形外轮廓。

3）以 A 端面和内孔作为定位基准，在多轴联动机床上加工三个大侧平面及面上的孔系，以及 C 向（三处）、D 向（三处）上的平面和孔系。

4）以与 A 向相对的平面和内孔为定位基准，加工 B 向（三处）平面和孔系。

为保证各平面及孔系之间的位置精度，减少零件的装夹次数，步骤 3、步骤 4 以端面和孔为基准进行定位，利用底部螺纹孔进行夹紧，以 UG 的辅助制造功能生成其加工程序，在五轴或 3+2 轴联动数控机床中完成加工。工艺流程示意图如图 7-2 所示。

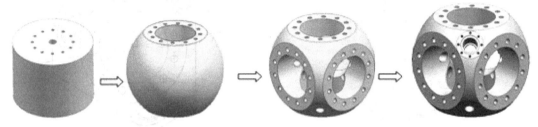

图 7-2　工艺流程示意图

3. 工件的定位与夹紧

球形阀在多轴联动机床上的定位采用如图 7-3 所示夹具体，进行步骤 3 加工时，以大平面与短的圆柱面限制其五个自由度，以四根螺栓从底面将球形阀锁定在夹具体上（图 7-4），夹具体可通过螺栓、压板、T 形槽铁固定在机床工作台面上。

进行步骤 4 加工时，工件需掉头装夹，其定位与夹紧方式与步骤 3 相同，另外还需使如图 7-5 所示平面与 Y 轴平行（可用百分表找正），以确保孔系之间的位置精度要求。

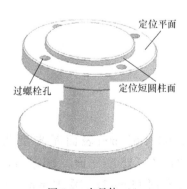

图 7-3　夹具体

图 7-4　步骤 3 装夹示意

图 7-5　步骤 4 装夹示意

4. 刀具及切削用量选取

本项目介绍步骤 3、步骤 4 在五轴联动机床上的定向加工，步骤 1、步骤 2 在普通数控机床上完成，此处不再进述。由于工件的材料为 45 钢，选用高速钢与硬质合金材料的刀具。本例"步骤 3"所用加工刀具见表 7-1。

表 7-1　液压球阀加工刀具表　（单位：mm）

刀号	名称	类型	刀具参数			刀柄参数		夹持器	
			直径/下半径	长度/刃长	切削刃数	直径/长度	锥柄长	下半径/长度	上半径
1	T_C100	面铣刀	100	50/15	6	40/30	0	60/30	60
2	SP10	中心钻	10	20/8	2	10/25	0	25/60	25
3	DR12.4	麻花钻	12.4	60/6	2	12.4/30	0	30/60	30
4	TAP14	丝锥	14	40/30	2	12/25	15	30/60	30
5	DR25	麻花钻	25	108/20	2	25/40	0	45/60	45
6	MI30	机夹式立铣刀	30/2	40/20	2	25/100	20	50/60	50
7	BORING131.6	精镗刀	131.6	40/4	1	40/80	30	65/60	65
8	DR24	麻花钻	24	108/20	2	24/40	0	45/60	45
9	TH27	螺纹铣刀	27	90/80	2	20/25	10	45/60	45

7.3　五轴联动机床简介

1. 五轴联动机床的常用机型

五轴联动加工中心有高效率、高精度的特点，工件一次装夹就可完成五面体的加工。如配置五轴联动的高档数控系统，还可以对复杂的空间曲面进行高精度加工，更能够适合越来越复杂的高档、先进模具的加工以及汽车零部件、飞机结构件等精密、复杂零件的加工。

五轴联动加工中心是在传统的三轴联动铣镗类加工中心上，加两根旋转轴。根据旋转轴的布置和选择不同，常用的五轴机床分为以下几类。

（1）双转台五轴联动机床　如图 7-6 所示，此机床为双转台 A+B 轴五轴联动机床，这类机床的旋转坐标有足够的行程范围，工艺性能好。转台的刚性大大高于摆头的刚性，从而提高了机床总体刚性。双转台机床便于发展成为加工中心，只需加装独立式刀库及换刀机械手即可。但双转台机床转台坐标驱动功率较大，坐标转换关系较复杂。

（2）双摆头五轴联动机床　如图 7-7 所示，此机床为双摆头 A+B 轴五轴联动机床，此类机床坐标驱动功率较小，工件装卸方便且坐标转换关系简单，但机床刚性低于转台类。

（3）一摆头一转台五轴联动机床　如图 7-8 所示，

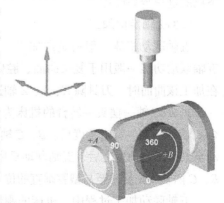

图 7-6　双转台五轴联动机床

此机床为一摆头一转台式 *B+C* 轴五轴联动机床，此类机床性能介于上述两种机床之间。本书中项目七、八、九均采用这种机型进行刀轨生成及程序编制。

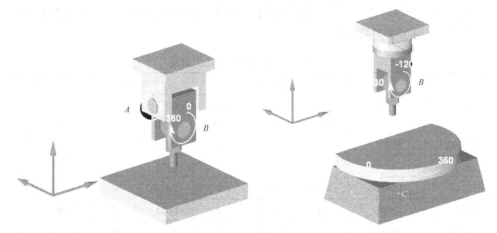

图 7-7　双摆头五轴联动机床　　　图 7-8　一摆头一转台五轴联动机床

2. 五轴联动机床的优点

（1）提高加工质量　面铣刀五坐标数控加工的表面残留高度小于球头刀三坐标数控加工的表面残留高度。

（2）提高加工效率　在相同的表面质量要求下、相同的切削深度值下，五坐标数控加工比三坐标数控加工可以采用大很多的行距，因而有更高的加工效率。

（3）扩大工艺范围　在航空制造部门中有些零件，如航空发动机上的整体叶轮，由于叶片本身扭曲和各曲面间相互位置限制，加工时不得不转动刀具轴线，否则很难甚至无法加工，另外，在模具加工中有时只能用五坐标数控才能避免刀身与工件的干涉。

（4）有利于制造系统的集成化　出于发展的考虑，现代机械加工都向着加工中心、FMS方向发展，加工中心能在同一工位上完成多面加工，保证位置精度且提高加工效率。国外数控镗铣床和加工中心为了适应多面体和曲面零件的加工，均采用多轴加工技术，其中包含有五轴联动功能，因此在加工中心上扩展五轴联动功能可大大提高加工中心的加工能力，便于系统的进一步集成化。

3. 3+2 轴定向加工

五轴联动机床一般有定向加工（三轴联动）和多轴联动（四轴或五轴联动）两种方式。五轴联动功能一般用于复杂曲面、腔体等的精加工，如图 7-9 所示。为保证曲面的加工精度，在加工该曲面时，刀具除 *X*、*Y*、*Z* 轴进给之外，*B*、*C* 轴也沿曲面的法向作摆动与旋转。

以 *B+C* 轴一摆头一转台的机床为例，定向加工一般是主轴头 *B* 摆动至某一特定角度，转台 *C* 旋转至某一特定角度后，*B*、*C* 轴锁定，机床 *X*、*Y*、*Z* 轴联动，进行加工。摆头和转台摆动至某一指定角度之后，五轴联动机床运行方式相当于三轴联动的加工中心。如图 7-10 所示，*B*、*C* 两轴预先旋转至与型腔垂直的位置之后，刀具以三轴立式加工中心的工作方式加工型腔。

五轴联动加工过程中，机床的刚性不及定向加工。一般情况下，零件先在五轴机床上通过定向加工进行开粗和半精加工，留下少许余量，通过五轴联动精加工来保证表面质量。箱体和孔系类零件的加工，直接可使用五轴定向方式完成最终的加工。

图 7-9　五轴联动加工涡轮

图 7-10　多轴定向加工型腔

7.4　项目实施

7.4.1　创建父级组

1. 打开文件进入加工环境

1）打开下载文件 sample/source/07/yyqf.prt，如图 7-11 所示模型被调入系统。

2）单击下拉菜单 **⚙开始▾** → **📄 加工(N)**，在系统弹出的"加工环境"对话框中，将**要创建的 CAM 设置**设置为 mill_contour，单击 **确定**，进入加工环境。

2. 创建程序

单击"插入"工具栏中"创建程序"按钮 🖿，系统弹出如图 7-12 所示"创建程序"对话框，在**程序**下拉框中选择"PROGRAM"，在**名称**栏中输入程序名"pmjg_rough_1"，单击"应用"，继续输入"pmjg_finsh_1"，单击"确定"。

图 7-11　调入"液压球阀"部件

图 7-12　创建液压球阀加工程序

选择"类型"为 drill，在**程序**下拉框中选择"PROGRAM"，分别创建程序："KJG_DW_1"、"KX_1"、"K25"和"M27"。

3. 创建刀具

注：多轴联动加工时，一般不能直观地观察刀柄与工件的干涉情况，故要在创建刀具时，

对刀柄与夹持器进行定义。

单击"插入"工具栏中的"创建刀具"按钮，如图 7-13 所示，在"创建刀具"对话框中选择刀具类型为 **mill_contour**，子类型为 （T_CUTTER），在 **名称** 文本框中输入"T_C100"，单击 **确定**。在弹出的图 7-14 所示"铣刀"对话框中输入直径为 100mm，刀刃长度为 15mm，颈部直径为 90mm，长度为 50mm，刀具号为 1 号，刀具材料为 CARBIDE。其他为默认设置。

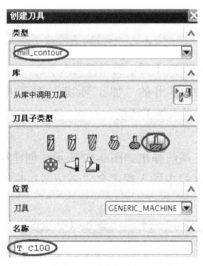

图 7-13　创建面铣刀

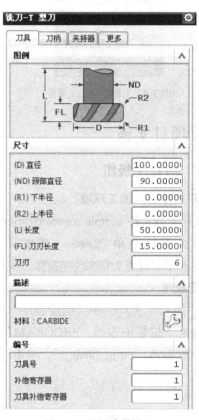

图 7-14　刀具参数设置

单击"铣刀"对话框中的"刀柄"选项卡，如图 7-15 所示，设置刀柄直径为 40mm，刀柄长度为 30，锥柄长度为 0。其他为默认设置。

单击"夹持器"选项卡，在弹出的如图 7-16 所示对话框中，设置下直径为 60mm，长度为 30mm，上直径为 60mm，拐角半径为 5mm，其他为默认设置。单击确定完成面铣刀的设置。

用相同的方法，完成表 7-1 中其他刀具的创建。

4. 创建几何体

坐标系与安全平面采用部件的默认设置，此处不作修改。

（1）部件几何体设定　在操作导航器的空白处右键单击，在弹出的快捷菜单中单击几何视图按钮 ，几何视图，双击坐标节点 **MCS_MILL** 下的 WORKPIECE 节点，系统弹出"几何体"对话框，单击指定部件按钮 ，系统弹出"部件几何体"对话框，单击工作界面中的实体模型，单击 确定 完成部件几何体的创建。

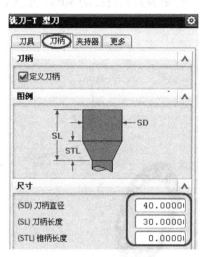

图 7-15 刀柄参数设置

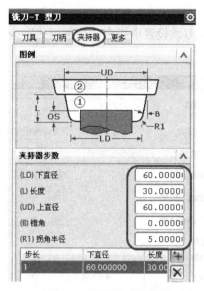

图 7-16 夹持器参数设置

（2）毛坯几何体设定 单击"装配"工具栏中的"添加组件"按钮，打开下载文件 sample/source/07/yyqf_m.prt（图 7-17），以"绝对原点"方式进行装配。

双击 WORKPIECE 节点，在弹出的对话框中，单击 指定毛坯 按钮 ，在系统弹出的"毛坯几何体"对话框中拾取 yyqf_m.prt 组件作为毛坯几何体并单击"确定"。

单击资源条中的"装配导航器"按钮 ，在如图 7-18 所示界面中，去掉 yyqf_m 前的对勾，使毛坯隐藏。

图 7-17 液压球阀半成品

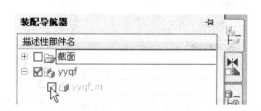

图 7-18 隐藏毛坯

7.4.2 创建操作

1. 平面粗加工

（1）大平面粗加工

1）单击"插入"工具栏中的"创建操作" 按钮，系统弹出"创建操作"对话框，在 类型 下拉框中选择 mill_contour，在 操作子类型 区域中选择 ，在程序下拉框中选择 PMJG_ROUGH_1，在刀具下拉框中选择 T_C100，在几何体下拉框中选择 WORKPIECE，在方法下拉框中选择 MILL_ROUGH。单击 确定 按钮，系统弹出 如图 7-19 所示"型腔铣"对话框。

2）单击"指定切削区域"按钮 ，拾取如图 7-20 所示阴影表面作为加工范围。在"刀轴"栏的下拉框中选择"指定矢量",拾取阴影表面并指定表面法向(向外)方向为矢量方向。

3)在刀轨设置中指定"切削模式"为"往复",行距为刀具直径的80%,最大深度为每刀2mm。

图 7-19 "型腔铣"对话框

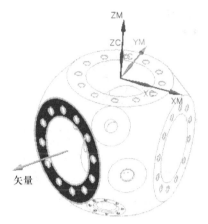

图 7-20 "大平面"加工区域与刀轴矢量

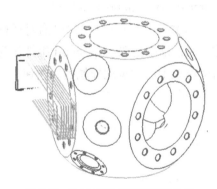

图 7-21 "大平面"粗加工刀具轨迹

4)单击"进给率和速度"按钮，设置主轴转速为1000r/min,切削率为200mm/min。

5)单击"刀轨生成"按钮，生成如图7-21所示刀具轨迹。

(2) D 向平面粗加工

1)单击"资源管理器"中的"工序导航器"按钮，在如图7-22所示界面中，右键单击 CAVITY_MILL，选择"复制"，右键单击鼠标，在弹出的浮动菜单栏中选择"粘贴"，复制出如图7-23所示 CAVITY_MILL_COPY 操作。选中此操作，右键单击选择重命名，将其改名为 CAVITY_MILL_D，如图7-24所示。

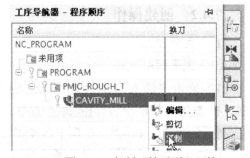

图 7-22 复制"铣平面"刀轨

2）双击 CAVITY_MILL_D 操作，系统弹出"型腔铣"对话框。

3）单击"指定区域"按钮 ，在弹出的如图 7-25 所示"切削区域"对话框中删除原有区域，拾取如图 7-26 所示阴影部分区域为加工范围。

图 7-23　粘贴"铣平面"刀轨

图 7-24　重命名"铣平面"刀轨

4）在"刀轴"栏的下拉框中选择"指定矢量"，拾取图 7-26 所示阴影表面并指定表面法向（向外）方向为矢量方向。

图 7-25　删除"切削区域"

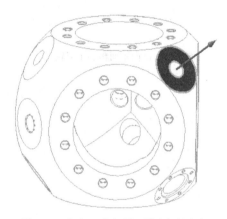

图 7-26　指定 D 向切削区域和矢量方向

5）在刀轨设置中指定"切削模式"为"单向"，行距为刀具直径的 60%，切削深度为每刀 2mm。

6）单击"切削区域"按钮 ，在弹出的如图 7-27 所示对话框中，设置"切削角度"与 X 轴的夹角为 – 30°。

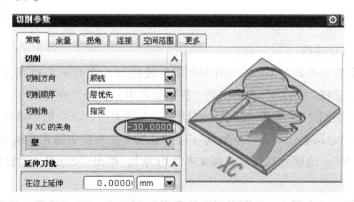

图 7-27　切削角度设置

7）单击"刀轨生成"按钮 ，生成如图 7-28 所示刀具轨迹。

（3）C 向平面粗加工 C 向平面粗加工操作步骤与 D 向相似，复制 `CAVITY_MILL_D` 刀轨，粘贴并重命名如图 7-29 所示 `CAVITY_MILL_C` 操作；指定如图 7-30 所示阴影部分所示平面和刀轴矢量方向；将切削参数对话框中的切削角度修改为与 X 轴夹角为 0°；单击"刀轨生成"按钮 ，生成如图 7-31 所示刀具轨迹。

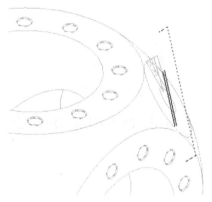

图 7-28 D 向平面粗加工刀轨

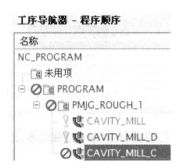

图 7-29 创建 C 向平面粗加工操作

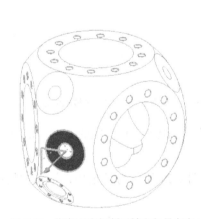

图 7-30 指定 C 向切削区域和矢量方向

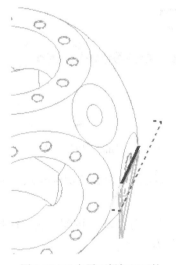

图 7-31 C 向平面粗加工刀轨

（4）粗加工刀轨变换

1）单击"资源管理器"中的"工序导航器"按钮 ，在如图 7-32 所示界面中，右键单击 `CAVITY_MILL`，选择"对象"，在弹出的二级菜单栏中，选择"变换"。

2）系统弹出如图 7-33 所示"变换"对话框，在"类型"下拉框中选择"绕点旋转"方式；指定图 7-34 所示圆心位置为"枢轴点"；在"角度"文本框中输入变换角度为 120°；"结果"方式为"复制"，角度分割和非关联文本数均为 1。单击"确定"，生成如图 7-34 所示旋转 120°刀轨。

3）重复步骤 1 和步骤 2，只需将"刀轨变换"对话框中的"角度"修改为 210°；其他设置均不作改变，单击"确定"，生成如图 7-34 所示旋转 210° 刀轨。

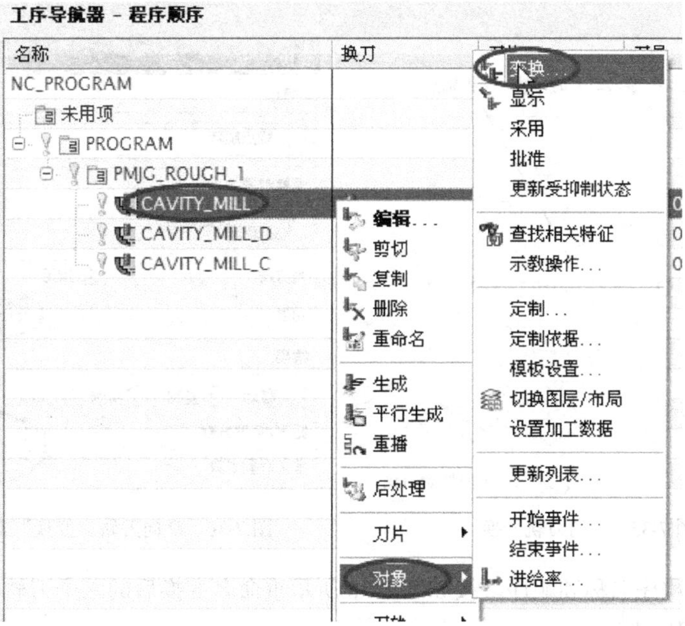

图 7-32　"对象变换"浮动菜单

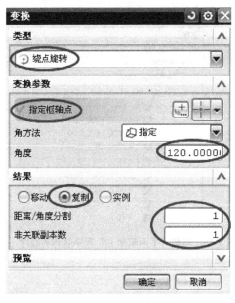

图 7-33　"变换"对话框

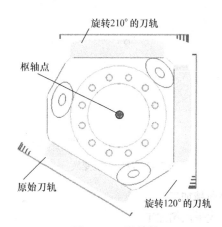

旋转210°的刀轨

枢轴点

原始刀轨

旋转120°的刀轨

图 7-34　刀轨旋转

4）拾取图 7-32 所示界面中的 C 向刀轨 CAVITY_MILL_C，按与步骤 1 ~ 步骤 3 相似的操作分别生成另两个方位的粗加工刀轨。旋转角度分别为 210° 和 240°，C 向刀轨旋转、复制后如图 7-35 所示。

5）拾取图 7-32 所示界面中的 D 向刀轨 CAVITY_MILL_D，右键单击，选择"对象"，在弹出的二级菜单栏中，选择"变换"。在弹出的"刀轨变换"对话框中，按如图 7-36 所示设置角度为 120°，非关联副本数为 2，单击"确定"。D 向刀轨旋转、复制后如图 7-37 所示。

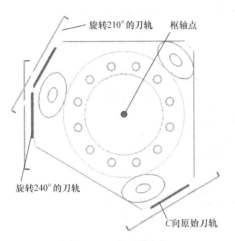

图 7-35　C 向刀轨变换　　　　　　　　图 7-36　D 向刀轨"变换"对话框

6）调整加工程序名称和顺序。按如图 7-38 所示重命名变换后的六个刀轨名称，并将之对应拖动至各自原始刀轨之后。

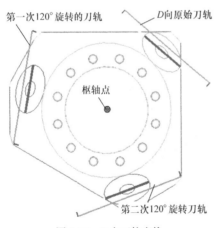

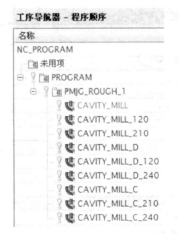

图 7-37　D 向刀轨变换　　　　　　　　图 7-38　调整"平面粗加工"程序名称和顺序

2. 平面精加工

（1）大平面精加工

1）单击"插入"工具栏中的"创建操作" 按钮，系统弹出"创建操作"对话框，在 **类型** 下拉框中选择 mill_planar，在 **工序子类型** 区域中选择 ，在程序下拉框中选择 PMJG_FINISH_1，在 **刀具** 下拉框中选择 T_C100，在几何体下拉框中选择 WORKPIECE，在 **方法** 下拉框中选择 MILL_FINISH。单击 确定 按钮，系统弹出如图 7-39 所示"面铣削区域"对话框。

2）单击"指定切削区域"按钮 ，拾取如图 7-20 所示阴影表面作为加工表面。在"轴"栏的下拉框中选择"垂直第一个面"。

3）在刀轨设置中指定"切削模式"为"单向"，步距为刀具直径的75%，毛坯距离为1mm。

4）单击"进给率和速度"按钮，设置主轴转速为1500r/min，切削率为200mm/min。

5）单击"刀轨生成"按钮，生成如图7-40所示刀具轨迹。

6）采用与粗加工时相同的刀轨变换方法，旋转、复制出120°和210°方向上两个大平面的刀具轨迹，如图7-41所示。

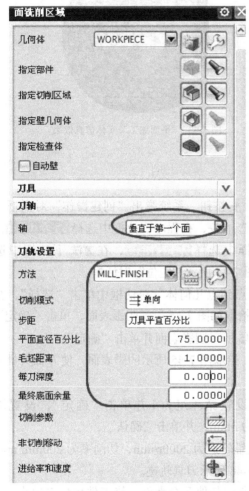

图7-39 "面铣削区域"对话框

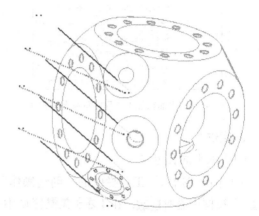

图7-40 "大平面"表面铣刀轨

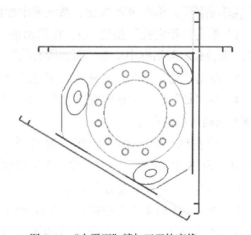

图7-41 "大平面"精加工刀轨变换

（2）D向和C向平面精加工刀轨

D向和C向平面的精加工方法及参数设置与大平面精加工操作步骤相同，产生出各自刀轨后，可采用与平面粗加工相同的"变换"功能生成其他几个平面的刀轨。平面精加工后程序可按如图7-42所示重命名并排序。

右键单击图7-42中的程序父节点 PROGRAM ，选择"刀轨"，在弹出的二级菜单栏中单击"确认"按钮，在系统弹出的"刀轨可视化"对话框中进行"2D动态"仿真，仿真效果如图7-43所示。

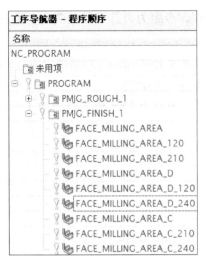

图 7-42 "平面精加工"程序重命名与排序　　　　图 7-43 "平面加工"实体仿真效果

3. 定位

（1）大平面孔定位

1）单击"插入"工具栏中的"创建操作" 按钮，系统弹出"创建操作"对话框，在 **类型** 下拉框中选择 drill，在 **工序子类型** 区域中选择 ，在程序下拉框中选择 kjg dw 1，在 **刀具** 下拉框中选择 SP_10 (钻刀)，在几何体下拉框中选择 WORKPIECE，在 **方法** 下拉框中选择 DRILL_METHOD。单击 **确定** 按钮，系统弹出如图 7-44 所示"定位"对话框。

2）单击"指定孔"按钮 ，在弹出的"点到点几何体"对话框中单击"选择"，在弹出的"选择孔"对话框中单击"面上所有孔"，拾取如图 7-45 所示阴影表面，单击"确定"。

3）单击"指定顶面"按钮 ，拾取图 7-45 所示阴影表面并单击"确定"。

4）在"轴"栏下拉框中选择"指定矢量"，拾取图 7-45 所示阴影表面，使刀轴矢量方向为该平面的法向（向外）。

5）单击图 7-44 中的"循环"按钮 ，设置循环组为 1 并单击"确定"，设置深度"Depth"为"刀尖深度"方式，输入定位深度为 3mm，并单击"确认"。

6）单击"进给率和速度"按钮 ，设置主轴转速为 2000r/min，切削率为 200mm/min。

7）单击"刀轨生成"按钮 ，生成如图 7-46 所示刀具轨迹。

8）通过刀轨"变换"功能生成如图 7-47 所示其他两个大面（绕工件坐标系原点 120° 和 210° 旋转）的定位刀轨。

（2）D 向小平面孔定位

1）选中如图 7-48 所示"工序导航器"中的大平面定位操作 SPOT_DRILLING，右键单击选择"复制"，右击单击选择"粘贴"，复制出如图 7-49 所示 SPOT_DRILLING_COPY 操作。选中此操作，右键单击选择重命名，将此改名为 SPOT_DRILLING_D，如图 7-50 所示。

2）双击 SPOT_DRILLING_D 操作，系统弹出"定位"对话框，单击"指定孔"按钮 ，重新选取如图 7-51 所示孔作为加工对象；单击"指定顶面"按钮 ，拾取如图 7-51 所示阴影表面并单击"确定"；单击"指定矢量"对应的按钮 ，选取图 7-51 所示阴影表面的法向

（向外）为刀轴矢量。

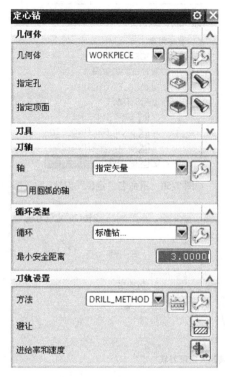

图 7-44　"定位"对话框

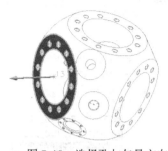

图 7-45　选择孔与矢量方向

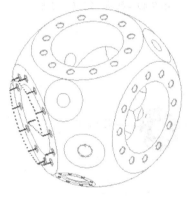

图 7-46　大平面定位刀轨

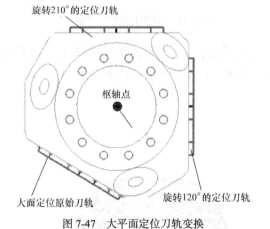

图 7-47　大平面定位刀轨变换

工序导航器 - 程序顺序

名称
NC_PROGRAM
未用项
PROGRAM
PMJG_ROUGH_1
PMJG_FINISH_1
KJG_DW_1
SPOT_DRILLING
SPOT_DRILLING_120
SPOT_DRILLING_210

图 7-48　复制"定位"刀轨

3）其他设置均不作改变，单击"刀轨生成"按钮 ，生成如图 7-52 所示原始刀具轨迹。

4）通过刀轨"变换"功能旋转 D 向原始刀具轨迹，生成如图 7-52 所示的 120°、240° 方向上的另两个定位刀轨。

5）C 向小平面孔定位。操作步骤与 D 向小平面孔定位相同，C 向定位完成后，按如图 7-53 所示调整并重命名"工序导航器"中的程序顺序与名称。

图 7-49　粘贴"定位"刀轨

图 7-50　重命名"定位"刀轨

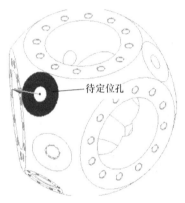

图 7-51　"D 向孔定位"孔、顶面和矢量选取

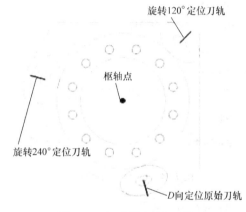

图 7-52　"D 向孔定位"刀轨

6）选取"工序导航器"中的程序父节点 PROGRAM，右击单击选择"刀轨"，在弹出的二级菜单栏中单击"确认"按钮 ，进行"2D 动态"仿真，仿真效果如图 7-54 所示。

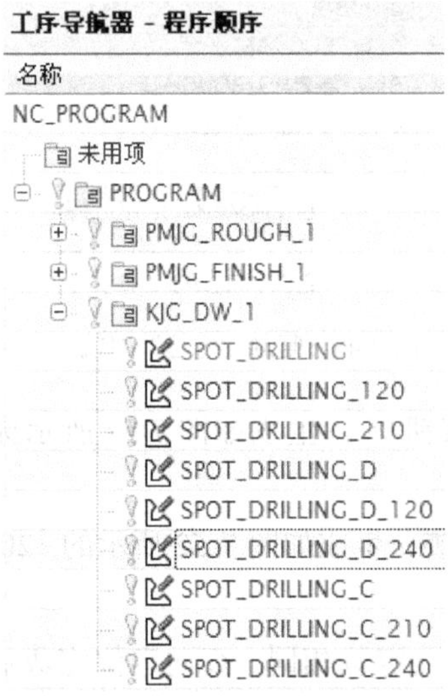

图 7-53　"孔定位"程序列表

图 7-54　"孔定位"实体仿真效果

4. 大平面孔系的加工

（1）钻 M14 螺纹底孔　单击"插入"工具栏中的"创建操作"  按钮，系统弹出"创建操作"对话框（图 7-55），在**类型**下拉框中选择 drill，在**工序子类型**区域中选择 ，在程序下拉框中选择 KX_1，在**刀具**下拉框中选择 DR12.4，在几何体下拉框中选择 WORKPIECE，在**方法**下拉框中选择 DRILL_METHOD，在**名称**文本框中输入 PECK_12.4，单击 确定 按钮，系统弹出如图 7-56 所示"啄钻"对话框。

图 7-55　创建"钻螺纹底孔"操作

图 7-56　"啄钻"对话框

1）单击"指定孔"按钮 ，在弹出的"点到点几何体"对话框中单击"选择"，在弹出的"选择孔"对话框中，设置最大直径为 20mm（用于剔除 ϕ131.6mm 的孔），然后单击"面上所有孔"，拾取如图 7-20 所示阴影表面，单击"确定"。

2）单击"指定顶面"按钮 ，拾取图 7-20 所示阴影表面并单击"确定"。

3）在"刀轴"栏下拉框中选择"指定矢量"，拾取图 7-20 所示阴影表面，使刀轴矢量方向为该平面的法向（向外）。

4）单击图 7-56 中的"循环"按钮 ，设置循环组为 1 并单击"确定"，设置深度"Depth"为"刀尖深度"方式，输入钻孔深度为 22mm，设置每刀钻孔深度"Step"为 3mm 并单击"确认"。

5）单击"进给率和速度"按钮 ，设置主轴转速为 1000r/min，切削率为 150mm/min。

6）单击"刀轨生成"按钮 ，生成如图 7-57 所示钻螺纹底孔刀轨。

（2）攻 M14 螺纹孔

1）复制"工序导航器"中的操作 PECK_12.4，粘贴并重命名为如图 7-58 所示操作 TAPPING_14，双击 TAPPING_14 进入如图 7-59 所示"啄钻"对话框。

2）在"刀具"下拉框中将刀具更换为 TAP14，在"循环"下拉框中将循环方式更换为 标准攻丝...，设置深度"Depth"为"刀尖深度"方式，输入钻孔深度为 18mm 并单击"确认"。

3）单击"进给率和速度"按钮，设置主轴转速为 100r/min，切削率为 200mm/min（螺距为 2mm）。单击"刀轨生成"按钮，生成刀具轨迹。

（3）钻 φ131.6mm 大孔

1）复制"工序导航器"中的操作 PECK_12.4，粘贴并重命名为如图 7-60 所示操作 PECK_131.6_25，双击 PECK_131.6_25 进入"啄钻"对话框。

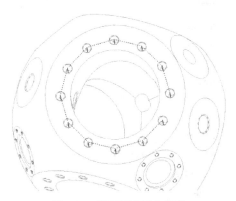

图 7-57 "钻螺纹底孔"刀轨

图 7-58 创建"攻螺纹"操作

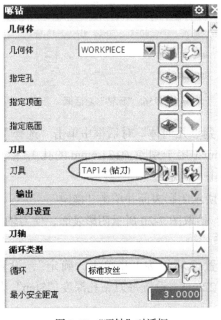

图 7-59 "啄钻"对话框

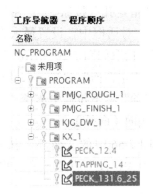

图 7-60 创建"预钻孔"操作

2）单击"指定孔"按钮，指定 φ131.6mm 大孔作为待加工孔。

3）在"刀具"下拉框中将刀具更换为 DR25，单击"循环"按钮，设置深度

"Depth"为"刀尖深度"方式，输入钻孔深度为 105mm，设置每刀钻孔深度"Step"为 2mm，并单击"确认"。

4）单击"进给率和速度"按钮 ，设置主轴转速为 260r/min，切削率为 80mm/min。单击"刀轨生成"按钮 ，生成刀具轨迹。

（4）螺旋铣 ϕ131.6mm 大孔

1）单击"插入"工具栏中的"创建操作" 按钮，系统弹出"创建工序"对话框（图 7-61），在**类型**下拉框中选择 drill ，在**工序子类型**区域中选择 ，在程序下拉框中选择 KX_1 ，在刀具下拉框中选择 MI30 ，在几何体下拉框中选择 WORKPIECE ，在**方法**下拉框中选择 DRILL_METHOD ，单击 确定 按钮，系统弹出如图 7-62 所示"Hole Milling"（铣孔）对话框。

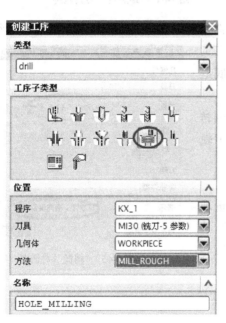

图 7-61　创建"螺旋铣"操作

图 7-62　"铣孔"对话框

2）单击"指定孔或凸台"按钮 ，拾取如图 7-63 所示阴影孔的内壁，并保证浮动坐标系 Z 轴沿孔中心轴线向外。

3）在图 7-62 所示对话框中，设置"毛坯距离"为 55mm，轴向的"每转深度"为刀具直径的 5%，径向步距为刀具直径的 80%。

4）单击"进给率和速度"按钮 ，设置主轴转速为 3000r/min，切削率为 1000mm/min。单击"刀轨生成"按钮 ，生成如图 7-64 所示刀具轨迹。

（5）精镗 ϕ131.6mm 大孔

1）复制"工序导航器"中的操作 PECK_131.6_25 ，粘贴并重命名为 BROING_131.6 ，双击 BROING_131.6 进入如图 7-65 所示界面。

2）在"刀具"下拉框中将刀具更换为 BORING131.6 ，在"循环"下拉框中将循环方式更换为 标准镗，横向偏置后快退... 。

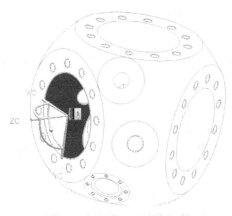

图 7-63 指定孔与浮动坐标系

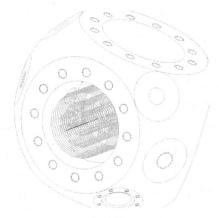

图 7-64 "螺旋铣"刀具轨迹

3）单击"循环"按钮🔧，指定退刀主轴定向角度为 90°，并单击"确定"，设置循环组为 1 并单击"确定"，设置深度"Depth"为"刀尖深度"方式，输入镗孔深度为 108mm，设置孔底退刀方式"Rtrcto"为"自动"。

4）单击"进给率和速度"按钮🔧，设置主轴转速为 1000r/min，切削率为 150mm/min。单击"刀轨生成"按钮🔧，生成刀具轨迹。

（6）刀轨变换

1）如图 7-66 所示，在"工序导航器"中选取大平面孔系加工所有程序，右键单击"对象"选择"变换"，利用弹出的"刀轨变换"对话框，旋转120° 和 210° 并复制刀轨，如图 7-67 所示。

图 7-65 "精镗"对话框

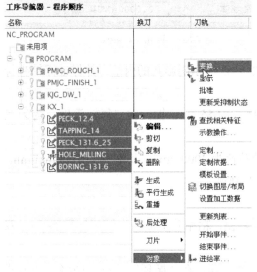

图 7-66 "刀轨变换"菜单栏

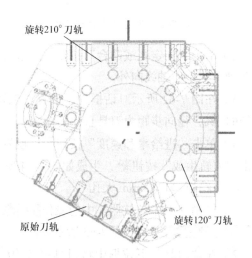

图 7-67 "大平面孔系"刀轨变换

2）按如图 7-68 所示，重命名并调整大平面孔系加工程序的名称和顺序。

5. 钻 φ25mm 孔

1）单击"插入"工具栏中的"创建操作" 按钮，系统弹出"创建操作"对话框，在 **类型** 下拉框中选择 `drill`，在**工序子类型**区域中选择 ，在程序下拉框中选择 `K_25`，在刀具下拉框中选择 `DR25`，在几何体下拉框中选择 `WORKPIECE`，在 **方法** 下拉框中选择 `DRILL_METHOD`，在 **名称** 文本框中输入 `PECK_25`，单击 确定 按钮，系统进入"啄式钻孔"对话框。

2）单击"指定孔"按钮 ，重新选取如图 7-69 所示孔作为加工对象；单击"指定顶面"按钮 ，拾取如图 7-69 所示阴影表面并单击"确定"；单击"指定矢量"对应的按钮 ，选取图 7-69 所示阴影表面的法向（向外）作为刀轴矢量。

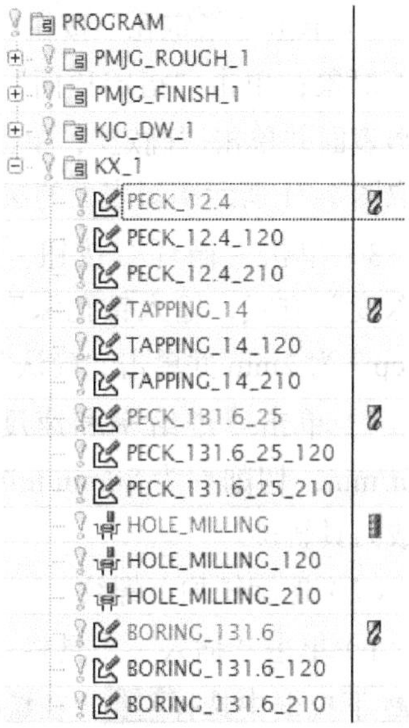

3）单击"循环"按钮 ，设置深度"Depth"为"刀尖深度"方式，输入钻孔深度为 85mm，设置每刀钻孔深度"Step"为 2mm 并单击"确认"。

图 7-68 "大平面孔系"程序列表

4）单击"进给率和速度"按钮 ，设置主轴转速为 260r/min，切削率为 80mm/min。单击"刀轨生成"按钮 ，生成如图 7-70 所示刀轨。

5）通过刀轨"变换"功能生成如图 7-70 所示另两个平面（绕工件坐标系原点 120° 和 240° 旋转）的钻孔刀轨。旋转刀轨重命名为 `PECK_25_120` 和 `PECK_25_240`。

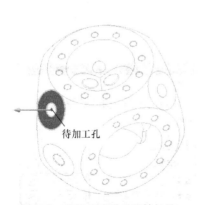

图 7-69 选取 D 向孔及刀轴矢量

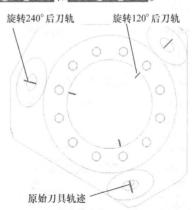

图 7-70 D 向孔系刀轨

6. M27 螺纹孔加工

（1）钻螺纹底孔

1）单击"插入"工具栏中的"创建操作" 按钮，系统弹出"创建操作"对话框，在 **类型** 下拉框中选择 `drill`，在**操作子类型**区域中选择 ，在程序下拉框中选择 `M_27`，在刀具下拉框中选择 `DR24`，在几何体下拉框中选择 `WORKPIECE`，在 **方法** 下拉框中选择 `DRILL_METHOD`，在**名称**文本框中输入 PECK 24 ，单击 确定 按钮，系统进入"啄式钻孔"对话框。

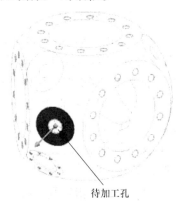

2）单击"指定孔"按钮 ，选取如图 7-71 所示孔作为加工对象；单击"指定顶面"按钮 ，拾取如图 7-71 所示阴影表面并单击"确定"；单击"指定矢量"对应的按钮 ，选取图 7-71 所示阴影表面的法向（向外）作为刀轴矢量。

3）单击"循环"按钮 ，设置深度"Depth"为"刀尖深度"方式，输入钻孔深度为 85mm，设置每刀钻孔深度"Step"为 2mm 并单击"确认"。

4）单击"进给率和速度"按钮 ，设置主轴转速为 260r/min，切削率为 80mm/min。单击"刀轨生成"按钮 ，生成刀具轨迹。

待加工孔

图 7-71 选取 C 向孔及刀轴矢量

（2）螺旋铣加工螺纹

1）单击"插入"工具栏中的"创建操作" 按钮，系统弹出"创建操作"对话框，在**类型**下拉框中选择 drill ，在**操作子类型**区域中选择 ，在程序下拉框中选择 M_27 ，在**刀具**下拉框中选择 TH27 ，在几何体下拉框中选择 WORKPIECE ，在**方法**下拉框中选择 MILL FINISH ，在**名称**文本框中输入 H MILL 27 ，单击 确定 按钮，系统进入如图 7-72 所示"铣孔"对话框。

2）单击"指定孔或凸台"按钮 ，系统弹出如图 7-73 所示"孔或凸台几何体"对话框，单击"选择对象"，拾取如图 7-74 所示螺纹孔，浮动坐标系方向如图 7-74 所示，按图 7-73 设置"直径"与"深度"。

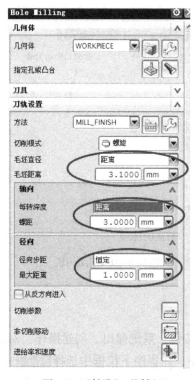

图 7-72 "铣孔"对话框

图 7-73 "螺旋铣"参数设置

3）如图7-72所示，设置"毛坯距离"为3.1mm，"轴向螺距"为3mm，"径向步距"为1mm。

4）单击"进给率和速度"按钮 🎇，设置主轴转速为500r/min，切削率为100mm/min。单击"刀轨生成"按钮 🠻，生成刀具轨迹。

（3）刀轨变换

1）如图7-75所示，在"工序导航器"中选取M27螺纹孔加工的两个程序，右键单击选择"对象"，"变换"，利用弹出的"刀轨变换"对话框，旋转210°和240°并复制刀轨，如图7-76所示。

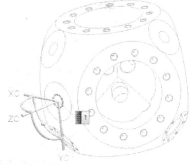

图7-74　拾取螺纹孔

工序导航器 - 程序顺序
名称
NC_PROGRAM
🔲 未用项
🗎 PROGRAM
⊞ 🗎 PMJG_ROUGH_1
⊞ 🗎 PMJG_FINISH_1
⊞ 🗎 KJG_DW_1
⊞ 🗎 KX_1
⊞ 🗎 K_25
⊟ 🗎 M_27
🗎 PECK_24
🗎 H_MILLING_27

图7-75　"C向孔系"刀轨变换

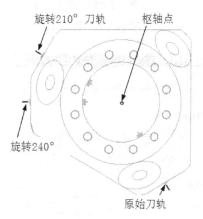

图7-76　C向孔系刀轨

2）按如图7-77所示，重命名并调整加工程序的名称和顺序。

3）选取"工序导航器"中的程序父节点 PROGRAM ，右键单击"刀轨"，在弹出的二级菜单栏中单击"确认"按钮 🎇，进行"2D动态"仿真，仿真效果如图7-78所示。

7. B向平面及孔系加工

B向平面及孔系加工项目与A向大平面相似，主要包括铣平面、钻孔、铣孔、镗孔和攻丝等操作。其他操作方法与步骤可参见之前的加工，此处不再累述。

但在进行B向平面及孔系的加工之前，零件需要掉头装夹，为能生成对应坐标系的加工程序，需在UG软件中进行坐标系的转换，其步骤如下：

1）单击"创建几何体"按钮 🎇，系统弹出如图7-79所示"创建几何体"对话框，单击创建机床坐标系按钮 🎇，在"几何体"下拉框中选择 WORKPIECE ，在名称栏中输入 MCS_1 ，单击"确定"按钮，系统弹出如图7-80所示"MCS"对话框。

2）单击"指定MCS"下拉框，选择"Z轴、Y轴、原点" 🎇，指定坐标系方式，依次拾取如图7-81所示圆心点、面1、面2，生成MCS_1坐标系。

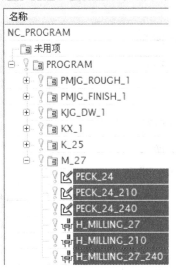

图 7-77 "C 向孔系"程序列表

图 7-78 "刀轨变换"实体仿真效果

图 7-79 "创建几何体"对话框

图 7-80 "MCS"对话框

3）坐标转换之后，B 向平面和孔系的操作步骤与之前相同，具体操作可参见下载文件 sample/answer/07/yyqf.prt。B 向平面和孔系的加工程序见 PROGRAM_1。

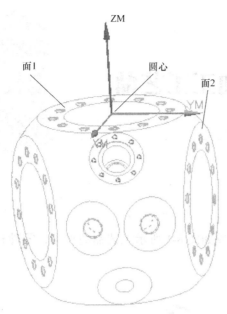

图 7-81　创建坐标系　　　　　　图 7-82　液压球阀加工实体仿真效果

7.5　项目小结

此项目以实际生成的液压球阀为例，零件加工后，实体仿真效果如图 7-82 所示。本项目主要介绍了 UG 的 3+2 轴定向加工，3+2 轴定向加工与此前的三轴联动加工操作的实质是相同的，只需指定每道工序加工时的主轴 Z 向位置，其理论上可以垂直于任何平面，但实际指定时，需要根据机床的实际结构。此方向广泛应用于箱体类零件的加工，也可应用于精度要求不是特别高的空间曲面的加工。

项目 8　五轴联动加工工艺鼎

8

8.1　项目描述

打开下载文件 sample/source/08/gyd.prt，完成如图 8-1 所示工艺鼎的加工，零件材料为黄铜 H96。

图 8-1　工艺鼎

8.2　项目分析

鼎的传统加工方法为铸造，铸造工艺的生产效率较低，铸件的尺寸精度较低，表面粗糙度值也相对较大。本项目介绍了 UG CAM 环境下鼎的多轴加工方法，粗加工采用三轴定向、多轴偏置等方式，精加工采用三轴固定轮廓铣、曲面驱动、流线驱动、点 / 曲线驱动等方式。相对于传统铸造加工，此加工方式更灵活，精度更高，效率更高且适用范围更广泛。

因为鼎的上、下两部分均有较为复杂的曲面和内凹区域，根据现有的一摆头一转台式德玛吉（DMU60 型）五轴（B+C）机床，需要分两次装夹完成工艺鼎的加工。

1. 鼎上部加工

（1）粗加工方案　为快速去除余量，首先选用 φ20R4 的圆鼻刀沿 Z 轴方向进行定轴粗加工，内型腔无小半径凹槽，因此 φ20R4 的圆鼻刀可以加工至内型腔最底部；外部内凹处较多，并且小半径凹槽较小，故 φ20R4 的圆鼻刀只加工到耳朵根部即可。再往下加工能去除的余量不多且费时较长。

耳朵由小型腔及多处小半径凹槽组成，可选用 $\phi6mm$ 键槽铣刀进行粗加工。刀具可沿 X 向定向粗加工。两只耳朵沿 YZ 平面呈镜向分布。故只需完成一只耳朵的刀具轨迹的生成，另一只耳朵的刀轨可通过变换功能求得。

腰部由四个内凹区域和文字组成，粗加工方案可选用圆鼻刀或键槽刀双向或四个方向的定轴完成，但其区域凹槽较多，这种粗加工方式，去除余量效果不佳。此处推荐用 $\phi6mm$ 球头刀，多轴联动结合刀具路径偏置的方式粗加工，这种开粗方式能比较均匀地去除残料，且效果较好。$\phi6mm$ 的球头刀粗加工完成后，仍然留有较多残料，可先用 $\phi3mm$ 球头刀二次粗加工。

（2）精加工方案　鼎的上半部分曲面主要分为三大块，凹槽型腔内部、耳部及腰部。其中仅凹槽型腔内部曲面较光顺，其他曲面均由一些小碎片体组成。

精加工型腔内部采用的驱动方式为曲面驱动，刀具为 $\phi12R4$ 圆鼻刀，因为其内部有 5°的倒拔模角度，为避免刀具干涉，刀轴方向采用指向点。

耳部小碎面较多，不易统一加工，可分两大块进行，耳部正面可使用定轴轮廓曲面铣，刀轴方向沿 X 轴方向；耳部侧面曲面相对光滑，可使用流线驱动，刀轴方向为远离点。刀具均为 $\phi6mm$ 球头刀。

腰部文字较多，文字之间间隔较小，用 $\phi1mm$ 球头刀精加工，驱动方式为曲面驱动，刀轴方向为垂直于驱动曲面。

校徽可用 $\phi1mm$ 球头刀精雕，采用点 / 曲线驱动方式，刀轴垂直于驱动体。

2. 鼎底部加工

粗加工时，为快速去除余量，首先选用 $\phi20R4$ 圆鼻刀沿 Z 轴方向进行定轴粗加工，去掉底部大部分余量。

精加工可分两大块进行，刀具为 $\phi6mm$ 球头刀，采用五轴等高精加工，完成对三根腿部曲面的精加工，刀轴方向为"远离部件"。再用 $\phi16mm$ 的键槽铣刀完成平面的精加工。

3. 毛坯选择与装夹方式

毛坯选用 $\phi106mm \times 160mm$ 的铜棒，先加工鼎上半部分，夹具选用自定心卡盘。上半部分加工完成后，形状如图 8-2 所示。鼎的底部需使用专用夹具进行夹持，其装夹示意图如图 8-3 所示。

图 8-2　鼎上半部分加工结果

图 8-3　鼎底部加工装夹示意图

8.3　多轴联动简介

1. 可变轴加工子功能

进入 UG NX 加工界面后，单击"创建操作"按钮 ，在系统弹出的对话框中，选择可变轴加工方式 mill_multi-axis ，工序子类型中显示出如图 8-4 所示可变轴的 10 种加工方式。

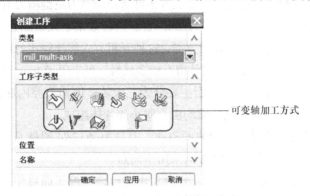

图 8-4　10 种可变轴加工方式

可变轴曲面轮廓铣简称为变轴铣，广泛应用于四轴、五轴各种机型的辅助制造。适用于由轮廓曲面形成的区域加工，也可用于多轴开粗程序的生成。变轴铣通过精确控制投影矢量、驱动方法和刀轴，刀轨可沿着非常复杂的曲面轮廓移动。如图 8-5 所示的曲面驱动方法中，首先在选定的驱动曲面上创建驱动点阵列，然后沿指定的投影矢量将其投影到部件表面上，刀具定位到部件表面上的接触点，当刀具从一个接触点移动到另一个时，可使用刀尖的"输出刀位置点"来创建刀轨。图 8-5 中，投影矢量和刀轴都是可变的，并且都定义为与驱动曲面垂直。

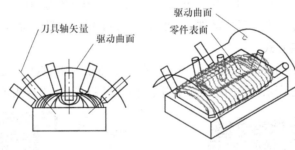

图 8-5　曲面驱动

不定义辅助驱动曲面时，可直接在选定的驱动表面上创建驱动点阵列，刀具将直接定义到已成为接触点的驱动点上，如图 8-6 所示。图中刀轴是可变的，并且定义为与部件驱动表面垂直。

需要指出的是，可变轴曲面轮廓铣刀轨迹的产生过程与固定曲面轮廓铣刀轨迹的产

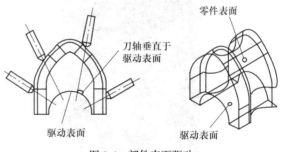

图 8-6　部件表面驱动

生过程基本相同，不同的是，可变轴中增加了刀具轴向的控制选项。

UG 提供了 10 种多轴铣削子类型，各种子类型的说明见表 8-1。

表 8-1　多轴铣削子类型说明

图标	英　文	中文	说　　明
	VARIABLE_CONTOUR	变轴铣	用于精加工曲面轮廓区域，通过精确控制刀轴和投影矢量，使刀具沿着非常复杂的曲面轮廓运动，进入其对应的对话框中，通过驱动方式的选择，可实现流线、外形轮廓等多数可变轴铣功能
	VARIABLE_STREAMLINE	流线可变轴铣	变轴铣的一个子类型，其刀轨区域的主曲线纹理生成，边界由交叉曲线来限制
	CONTOUR_PROFILE	曲面轮廓铣	变轴铣的一个子类型，选择底面后，此操作可以使用刀具侧面加工带角度的壁
	VC_MULTI_DEPTH	多层变轴铣	与变轴铣相同，但默认驱动方式为边界，切削参数中打开多层切削选项
	VC_BOUNDARY_ZZ_LEAD_LAG	多层切削双四轴边界变轴铣	与变轴铣相同，但默认驱动方式为边界，切削参数中多层切削选项打开，刀轴为"双四轴在部件上"
	VC_SURF_AREA_ZZ_LEAD_LAG	多层切削双四轴曲面变轴铣	与变轴铣相同，但默认驱动方式为曲面，切削参数中多层切削选项打开，刀轴为"双四轴在部件上"
	FIXED_CONTOUR	固定轴曲面轮廓铣	基本的固定轴曲面轮廓铣操作，用各种驱动方式对轮廓或区域进行切削，刀具轴可以设为用户定义的矢量
	ZLEVEL_5AXIS	五轴等高铣	类似于固定轮廓铣的陡峭区域加工，但此功能的默认刀轴侧倾方向为"远离部件"，侧倾角度可由系统自动选择，用户也可指定某一特定值
	SEQUENTIAL_MILL	顺序铣	通过一个表面到另一个表面的连续铣削，进行零件轮廓铣削，整个铣削对象由多个曲面切削序列组成
	MILL_USER	用户自定义	自定义参数建立操作

2. 顺序铣

顺序铣是较为特殊的可变轴铣子功能，主要用于精确加工零件的侧壁。

顺序铣是为连续加工一系列边缘相连的曲面而设计的加工方法。使用"平面铣"或"型腔铣"对曲面进行粗加工后，即可使用"顺序铣"对曲面进行精加工。在顺序铣中，主要通过设置进刀、连续加工、退刀和点到点移刀等一系列刀具运动，产生刀轨，并对机床进行 3轴、4 轴或 5 轴联动的控制，从而使刀具准确地沿曲面轮廓移动。

顺序铣中的加工由子操作组成，每个子操作是单独的刀具运动，它们共同形成了完整的刀轨。第一个子操作使用"进刀运动"来创建从起点到最初切削位置的刀具运动。其后的子操作使用"连续刀轨运动"来创建从一个驱动曲面到下一个驱动曲面的切削序列。使用"退刀运动"来创建远离部件的非切削移动。使用"点到点"运动来创建退刀和进刀之间的移刀运动。其大致的操作流程如下。

首先，确定刀具的起点位置（图 8-7a），再确定参考点（图 8-7b），分别确定如图 8-7c 所示驱动曲面（用于引导刀具的侧面），部件曲面（用于引导刀具的底部），检查曲面（用于限制刀具位置），完成设置后，生成如图 8-7d 所示的进刀刀轨。

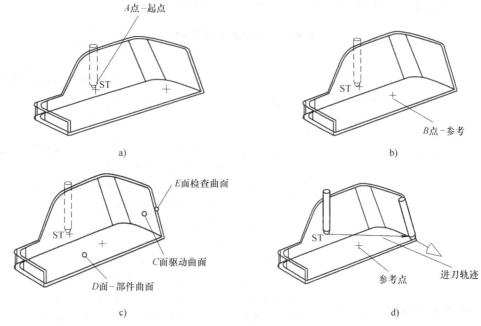

图 8-7 "顺序铣"进刀设置

如图 8-8a 所示，选择 F 面为驱动曲面，G 面为检查曲面，机床设置为 5 轴控制，生成切削 F 侧面的刀轨。

继续选择如图 8-8b 所示的 H 面作为驱动曲面，机床设置为 3 轴控制，生成切削 H 侧面的刀轨。设置从 J 到 H 点的退刀轨迹，完成刀具退刀运动。

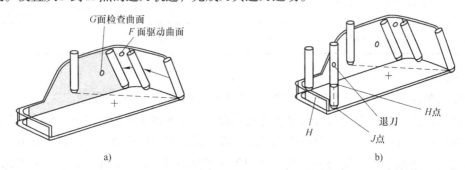

图 8-8 "顺序铣"连续刀轨和退刀设置

3. 可变轴加工的刀轴控制

可变轴加工对话框中的驱动方式、投影矢量等与固定轴曲面轮廓铣操作相似，最大的区别在于可变轴加工可以对机床主轴的轴向进行控制，因此刀轴的控制是可变轴操作中的重中之重。可变轴加工中，不同的驱动方式对刀轴的控制方式也不尽相同，在曲面和流线驱动方式下，刀轴的控制手段最为丰富。如图 8-9 所示，在曲面驱动方式下，系统提供了远离点、朝向点、远离直线、垂直于几何体等十多种刀轴轴向控制方式。

（1）远离点 如图 8-10 所示，选择此选项后，系统弹出"点"对话框，可以创建或拾取一个聚集点，所有刀轴矢量均以该点为起点，指向刀具夹持器。

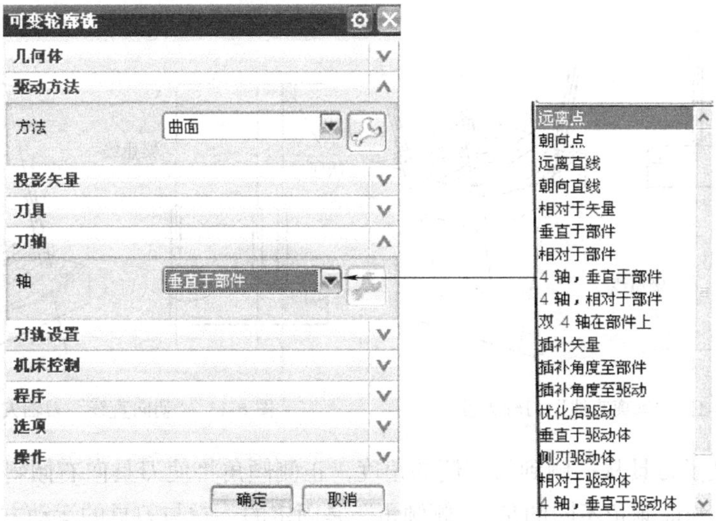

图 8-9　刀轴控制方式

（2）朝向点　如图 8-11 所示，选择此选项后，系统弹出"点"对话框，可以创建或拾取一个聚集点，所有刀轴矢量均指向该点。

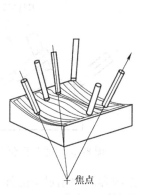

图 8-10　"远离点"刀轴矢量

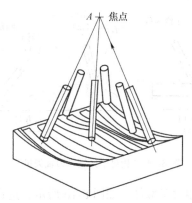

图 8-11　"朝向点"刀轴矢量

（3）远离直线　如图 8-12 所示，选择此选项后，系统弹出"直线定义"对话框，可以定义或选取一条直线，刀轴矢量沿着聚焦线运动并与该线保持垂直，矢量方向从聚焦线离开并指向刀具夹持器。

（4）朝向直线　如图 8-13 所示，选择此选项后，系统弹出"直线定义"对话框，可以定义或选取一条直线，刀轴矢量沿着聚焦线运动并与该线保持垂直，矢量方向指向聚焦线并指向刀具夹持器。

（5）相对于矢量　如图 8-14 所示，选择此选项后，系统弹出"相对于矢量"对话框，可以定义或选取一个矢量，并设置刀具的前倾角、侧倾角与该项矢量相关联。其中，"前倾角"定义了刀具沿刀轨方向前倾或后倾的角度，正前倾角表示刀具相对于刀轨方向向前倾斜，负前倾角表示刀具相对于刀轨方向向后倾斜，由于前倾角基于刀具的运动方向，因此往复切削模式将使刀具在单向刀路向一侧倾斜，而在回转刀路中向相反的另一侧倾斜。

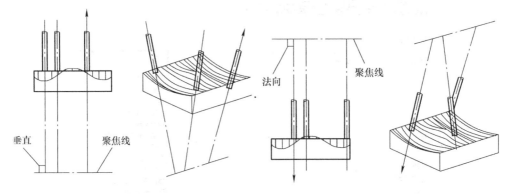

图 8-12 "远离直线"刀轴矢量　　　　　　图 8-13 "朝向直线"刀轴矢量

侧倾角定义了刀具从一侧到另一侧的角度，正侧倾角将使刀具向右倾斜，负侧倾角将使刀具向左倾斜。与前倾角不同的是，"侧倾角"是固定的，它与刀具的运动方向无关。

（6）垂直于部件　如图 8-15 所示，选择此选项后，刀轴矢量将在每一个刀具与部件接触点处垂直于部件表面。

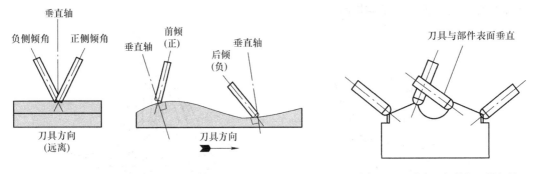

图 8-14 "相对于矢量"刀轴矢量　　　　　　图 8-15 "垂直于部件"刀轴矢量

（7）相对于部件　如图 8-16 所示，选择此选项后，系统弹出"相对于部件"对话框，在此对话框中设置刀轴的前倾角和侧倾角与部件表面的法向矢量相关联，同时可设置其变化范围。其用法与"相对于矢量"相似。

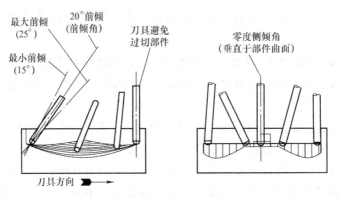

图 8-16 "相对于部件"刀轴矢量

（8）垂直于驱动体　如图 8-17 所示，选择此选项后，刀轴矢量将在每一个接触点处与驱动曲面保持垂直的状态。当部件表面曲率变化不规则时，为防止刀轴在运动过程中频繁、剧烈摆动，可绘制辅助的驱动曲面用于控制刀轴矢量。

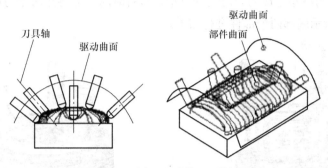

图 8-17　"垂直于驱动体"刀轴矢量

（9）4 轴，垂直于部件　选择此选项后，系统弹出"4 轴，垂直于部件"对话框，可用来设置第 4 轴及其旋转角度，刀具绕着指定的轴旋转，并始终和部件表面垂直。

（10）4 轴，相对于部件　选择此选项后，系统弹出"4 轴，相对于部件"对话框，可用来设置第 4 轴及其旋转角度，同时可以设置刀具的前倾、侧倾角度与该轴相关联，在 4 轴加工中，前倾角度通常设置为 0。

（11）双 4 轴在部件上　选择此选项后，系统弹出"双 4 轴在部件上"对话框，可用来设置第 4 轴及其旋转角度，同时可以设置前倾、侧倾角度与该轴关联。另外，可以在切削和横越两个方向建立 4 轴运动，此方式是一种五轴加工，多用于往复式切削方法。

（12）插补矢量　选择此选项后，系统弹出"插补刀轴"对话框，可以指定一系列点创建矢量来控制刀轴方向。

（13）优化后驱动　选择此选项后，系统弹出"优化后驱动"对话框，可以使刀具的前倾角与驱动几何体的曲率相匹配，在凸起部分保持小的前倾角，以便去除更多的材料，在下凹区域中增加前倾角以防止刀根过切。

（14）侧刃驱动体　选择此选项后，系统弹出"侧刃驱动体"对话框，可以设置刀轴的侧倾角与驱动曲面的法向矢量相关联。

（15）相对于驱动体　选择此选项后，系统弹出"相对于驱动体"对话框，可以设置沿驱动面侧面移动的刀轴。此时，允许刀具的侧面切削驱动面，刀尖切削部件表面。

（16）4 轴，垂直于驱动体　选择此选项后，系统弹出"4 轴，垂直于驱动体"对话框，可用来设置第 4 轴及其旋转角度，刀具绕着指定的轴旋转，并始终和驱动面垂直。

（17）4 轴，相对于驱动体　选择此选项后，系统弹出"4 轴，相对于驱动体"对话框，可用来设置第 4 轴及其旋转角度，同时可以设置刀具的前倾、侧倾角度与驱动面关联。

（18）双 4 轴在驱动体上　选择此选项后，系统弹出"双 4 轴在驱动体上"对话框，可用来设置第 4 轴及其旋转角度，同时可以设置前倾、侧倾角度与驱动曲面相关联。另外，可以在切削和横越两个方向建立 4 轴运动，此方式是一种五轴加工，多用于往复式切削方法。

8.4　项目实施

工艺鼎结构较为复杂，需两次装夹，分别加工上半部分和底部。因为鼎由众多曲面组成，且细节繁多，为减小生成刀轨时的计算量，节省时间，可将鼎简化为如图 8-18 所示上半部分和如图 8-19 所示底部两个部件进行加工。

图 8-18　工艺鼎上部

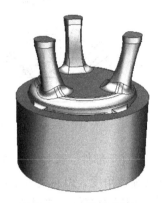

图 8-19　工艺鼎底部

8.4.1　工艺鼎上部加工

1. 创建父级组

（1）打开文件进入加工环境

1）打开下载文件 sample/source/08/gyd_s.prt，如图 8-18 所示模型被调入系统。

2）单击下拉菜单 🕐 开始·→ 🔧 加工(N)，在系统弹出的"加工环境"对话框中，将 **要创建的 CAM 设置**设置为 mill_contour，单击 确定，进入加工环境。

（2）创建程序

1）单击"插入"工具栏中的"创建程序"按钮 🔳，系统弹出如图 8-20 所示"创建程序"对话框，在 **程序** 下拉框中选择"PROGRAM"，在 **名称** 栏中输入程序名"rough_s_fixed"，单击"应用"。

图 8-20　"创建程序"对话框

图 8-21　创建"可变轴"加工程序名

2）如图 8-21 所示对话框中选择"类型"为"mill_multi_axis"，在"程序"下拉框中选择"PROGRAM"，在"名称"栏中输入程序名"rough_s_variable"，单击"应用"；继续输入程序名称为"finish_s_12"、"finish_s_6"、"finish_s_1"的三个曲面精加工程序。

3）在"创建程序"对话框中选择"类型"为"mill_planar"，在"程序"下拉框中选择"PROGRAM"，在"名称"栏中输入程序名"finish_s_pm"，单击"确定"，完成程序名称的创建。

（3）创建刀具

注：多轴联动加工时，一般不能直观地观察刀柄与工件的干涉情况，故要在创建刀具时，对刀柄与夹持器进行定义。

单击"插入"工具栏中的"创建刀具"按钮，在如图 8-22 所示"创建刀具"对话框中选择刀具类型为 mill_contour，子类型为 （MILL），在"名称"文本框中输入"D25R4"，单击 确定 ，按如图 8-23 所示"刀具参数"对话框设置刀具参数（刀具号为 1）。

图 8-22 创建"D25R4"刀具

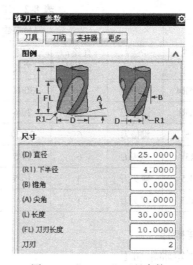

图 8-23 "D25R4"刀具参数

单击刀具对话框中的"刀柄"选项卡，在弹出的如图 8-24 所示对话框中，按图中所示设置相关参数。单击"夹持器"选项卡，在弹出的如图 8-25 所示对话框中，按图中所示设置相关参数。

用相同的方法，完成表 8-2 中其他刀具的创建。

（4）创建几何体 坐标系与安全平面采用部件的默认设置，此处不作修改。

1）部件几何体设定。在操作导航器的空白处右键单击，在弹出的快捷菜单中单击几何视图按钮 几何视图，双击坐标节点 MCS_MILL 下的 WORKPIECE 节点，系统弹出"几何体"对话框，单击指定部件按钮，系统弹出"部件几何体"对话框，直接单击工作界面中的实体模型，单击 确定 完成部件几何体的创建。

2）毛坯几何体设定。单击"几何体"对话框中的指定毛坯按钮，系统弹出如图 8-26 所示"毛坯几何体"对话框，按图中所示设置相关参数，单击 确定 完成毛坯几何体创建。

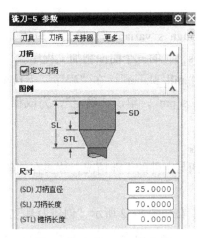

图 8-24 "D20R5" 刀柄参数

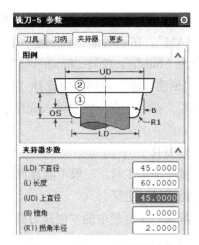

图 8-25 "D20R5" 夹持器参数

表 8-2 工艺鼎上部加工刀具表　　　　　　（单位：mm）

刀号	名称	类型	刀具参数			刀柄参数		夹持器	
			直径/下半径	长度/刃长	切削刃数	直径/长度	锥柄长	下半径/长度	上半径
1	D25R4	圆鼻刀	25/4	30/10	2	25/70	0	45/60	45
2	D12R4	圆鼻刀	12/4	20/6	2	12/80	0	30/60	30
3	D6	键槽刀	6	25/20	2	6/15	0	25/60	25
4	R3	球头刀	6	20/5	2	6/30	0	20/60	30
5	R1.5	球头刀	3	10/5	2	5/10	5	20/60	30
6	R0.5	球头刀	1	8/4	2	5/10	5	20/60	30

2. 创建操作

（1）固定轴粗加工

1）D25R4 粗加工 1。

① 单击"插入"工具栏中的"创建操作" 按钮，系统弹出"创建操作"对话框，在**类型**下拉框中选择 mill_contour，在**工序子类型**区域中选择，在程序下拉框中选择 ROUGH_S_FIXED，在**刀具**下拉框中选择 D25R4，在几何体下拉框中选择 WORKPIECE，在**方法**下拉框中选择 MILL_ROUGH，在**名称**文本框中输入 r_D25R4_1，单击 **确定** 按钮，系统弹出 如图 8-27 所示"型腔铣"对话框。

图 8-26 "工艺鼎上半部"毛坯几何体设置

② 单击"实用工具"工具栏中的"图层设置"按钮，在弹出的如图 8-28 所示"图层设置"对话框中，勾选图层 200 前的复选框，使该图层可见，调出如图 8-29 所示辅助平面，并单击"确定"。

③ 单击"型腔铣"对话框中的"指定检查"按钮，拾取如图 8-29 所示辅助平面作

为检查几何体。单击"图层设置"按钮，将图层 200 前的复选框中的红勾取消，隐藏该图层。

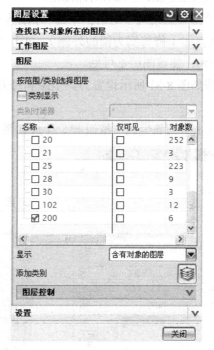

图 8-27　工艺鼎"型腔铣"　　　　　　　　图 8-28　"图层设置"对话框

④ 按图 8-27 所示设置粗铣行距和每刀切削深度，单击"进给率和速度"按钮，设置主轴转速为 3000r/min，切削率为 1500mm/min。

⑤ 单击"刀轨生成"按钮，生成如图 8-30 所示粗加工刀具轨迹。

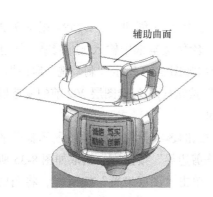

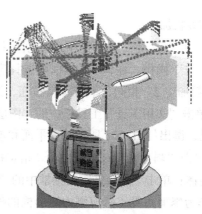

图 8-29　选取检查几何体　　　　　　　　图 8-30　工艺鼎"型腔铣"刀轨

2）D25R4 粗加工 2。

① 单击"插入"工具栏中的"创建操作" 按钮，系统弹出"创建操作"对话框，在 **工序子类型** 域中选择"剩余铣"，在 **名称** 文本框中输入 r d25r4 2，其他设置与"D25R4 粗加工 1"相同，单击 确定 按钮，系统弹出如图 8-31 所示"剩余铣"对话框。

② 单击"实用工具"工具栏中的"图层设置"按钮，勾选图层 201 前的复选框，使该图层可见，调出如图 8-32 所示辅助圆。

③ 单击"剩余铣"对话框中的"指定修剪边界"按钮，拾取如图 8-32 所示辅助圆作为修剪几何体（修剪侧为圆的外侧）。单击"图层设置"按钮，将图层 201 前的复选框中的红勾取消，使该图层不可见。

④ 按如图 8-31 所示设置刀具步距和每刀切削深度，其他切削参数与"D25R4 粗加工 1"相同。

⑤ 单击"刀轨生成"按钮，生成如图 8-33 所示剩余铣刀具轨迹。

图 8-31 "剩余铣"对话框

图 8-32 选取修剪边界

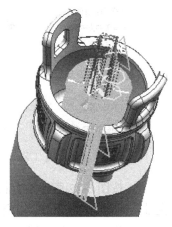

图 8-33 工艺鼎"剩余铣"刀轨

3）D6 粗加工。

① 单击"插入"工具栏中的"创建操作" 按钮，创建与"D25R4 粗加工 2"相同的"剩余铣"操作。在 **刀具** 下拉框中选择 D6，在 **名称** 文本框中输入 r D6 1，其他设置与"D25R4 粗加工 2"相同，单击 确定 按钮，系统弹出如图 8-34 所示"剩余铣"对话框。

② 单击"实用工具"工具栏中的"图层设置"按钮，勾选图层 202 前的复选框，使该图层可见，调出如图 8-35 所示辅助平面和辅助矩形。

③ 单击"剩余铣"对话框中的"指定检查"按钮，拾取如图 8-35 所示辅助平面作为检查几何体；单击"剩余铣"对话框中的"指定修剪边界"按钮，拾取如图 8-35 所示辅助矩形框作为修剪边界（修剪侧为矩形框的外侧），单击"图层设置"按钮，将图层 202 前的复选框中的红勾取消，隐藏该图层。

④ 在图 8-34 中设置刀具的轴向为 X 轴正方向；并按图中所示设置步距和每刀切削深度；单击"进给率和速度"按钮 ，设置主轴转速为 6000r/min，切削率为 1000mm/min。

⑤ 单击"刀轨生成"按钮 ，生成如图 8-36 所示 X 轴向剩余铣刀具轨迹。

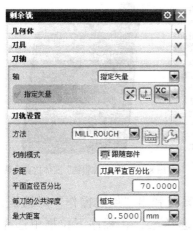
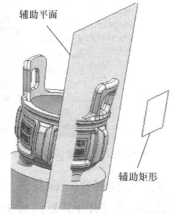

图 8-34　工艺鼎 X 轴向"剩余铣"　　　图 8-35　检查体与修剪边界　　　图 8-36　X 轴向"剩余铣"刀轨

4）刀轨变换。

① 右键单击如图 8-37 所示"工序导航器"中的 R_D6_1 操作，选择【对象】→【变换】，系统弹出如图 8-38 所示"变换"对话框。

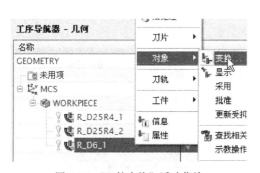

图 8-37　"刀轨变换"浮动菜单　　　　　图 8-38　"变换"对话框

② 选择变换类型为"绕点旋转"，拾取图 8-39 所示圆心为"枢轴点"，设置旋转角度为 180°，方式为"复制"，单击"确定"后，生成如图 8-39 所示"旋转 180° 刀轨"。

③ 在"工序导航器"中将旋转产生的新刀轨重命名为 R_D6_2，切换导航器界面为如图 8-40 所示"程序顺序视图"，右键单击 ROUGH_S_FIXED 程序组，选择【刀轨】→【确认】，进行 2D 仿真。固定轴粗加工后，实体仿真效果如图 8-41 所示。

（2）可变轴粗加工

1）R3 球刀粗加工。

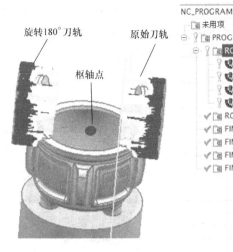

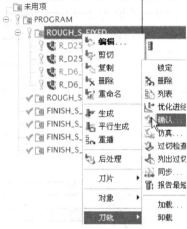

图 8-39　X 向开粗刀轨变换　　　　图 8-40　"刀轨确认"浮动菜单　　图 8-41　"固定轴粗铣"实体仿真效果

① 单击"插入"工具栏中的"创建操作" 按钮，系统弹出"创建操作"对话框，在 **类型** 下拉框中选择 mill_multi-axis，在 **工序子类型** 区域中选择 ，在程序下拉框中选择 ROUGH_S_VARIABLE，在刀具下拉框中选择 R3，在几何体下拉框中选择 WORKPIECE，在 **方法** 下拉框中选择 MILL_ROUGH，在 **名称** 文本框中输入 r_R3，单击 确定 按钮，系统弹出如图 8-42 所示"变轴铣"对话框。

② 单击"实用工具"工具栏中的"图层设置"按钮 ，勾选图层 203 前的复选框，使该图层可见，调出如图 8-43 所示驱动曲面。

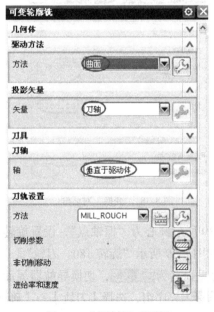

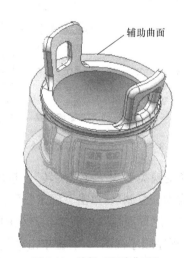

图 8-42　"变轴铣"对话框　　　　　　　　图 8-43　选择"驱动曲面"

③ 在"可变轴"对话框的"驱动方法"下拉框中选择"曲面"，系统弹出"曲面区域驱动方法"对话框。按如图 8-44 所示顺序，指定"驱动几何体"、"切削方向"、"材料侧"，完

成切削参数设置。单击"图层设置"按钮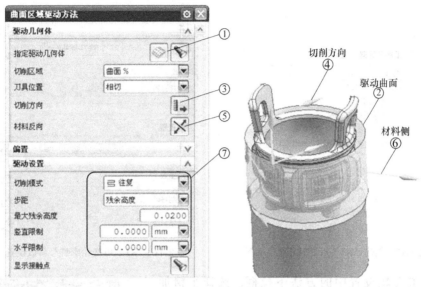，将图层 203 前的复选框中的红勾取消，隐藏该图层。

图 8-44　曲面驱动参数设置

④ 在"可变轴轮廓铣"对话框中设置"投影矢量"为刀轴，"刀轴方向"为垂直于驱动体，单击切削参数按钮，按如图 8-45 所示设置系统弹出的"切削参数"对话框中的"多刀路"选项卡。

⑤ 单击"进给率和速度"按钮，设置主轴转速为 6000r/min，切削率为 1500mm/min。单击"刀轨生成"按钮，生成如图 8-46 所示"R3 可变轴粗铣"刀具轨迹。

图 8-45　"多重切削"参数设置

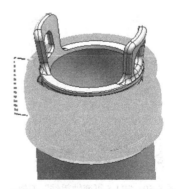

图 8-46　"R3 可变轴粗铣"刀轨

2）R1.5 球刀粗加工。

① 如图 8-47 所示，在"工序导航器"的"程序顺序"界面中，复制程序 R_R3 并粘贴在其下方，重命名为 R_R1.5。

② 双击 R_R1.5 操作，系统弹出的如图 8-48 所示"可变轮廓铣"对话框中的刀具下拉框，选择 R1.5 球刀作为当前加工刀具。单击"切削参数"按钮，按如图 8-49 所示设置"多刀路"选项卡。

图 8-47　创建"R1.5 可变轴粗铣"刀轨　　　　图 8-48　"R1.5 可变轮廓铣"参数设置

③ 单击刀轨设置中的方法下拉框，选择半精加工 MILL_SEMI_FINISH 为加工方法。单击"进给率和速度"按钮 ，设置主轴转速为 8000r/min，切削率为 1500mm/min。单击"刀轨生成"按钮 ，生成如图 8-50 所示"R1.5 可变轴粗铣"刀具轨迹。

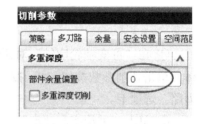

图 8-49　取消"多重深度切削"

④ "可变轴"粗加工后，工件"2D 动态"切削仿真效果如图 8-51 所示。

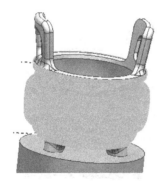

图 8-50　"R1.5 可变轴粗铣"刀轨

图 8-51　"可变轴粗铣"实体仿真效果

（3）腔体精加工

1）腔体上部精加工。

① 单击"插入"工具栏中的"创建操作" 按钮，系统弹出"创建操作"对话框，在**类型**下拉框中选择 mill_multi-axis，在**工序子类型**区域中选择 ，在程序下拉框中选择 FINISH_S_12，在刀具下拉框中选择 D12R4，在几何体下拉框中选择 WORKPIECE，在**方法**下拉框中选择 MILL_FINISH，在**名称**文本框中输入 F_D12R4_1，单击 确定 按钮，系统弹出如图

如图 8-52 所示"可变轮廓铣"对话框。

②在"可变轴轮廓铣"对话框的"驱动方法"下拉框中选择"曲面",系统弹出"曲面区域驱动方法"对话框。按如图 8-53 所示顺序,指定"驱动几何体"、"切削方向"、"材料侧",完成切削参数设置。单击确定,返回"可变轮廓铣"对话框。

③在"可变轮廓铣"对话框中设置"投影矢量"为刀轴,轴为"侧刃驱动体",单击"指定侧刃方向"按钮,拾取图 8-53 所示"参考侧刃"方向。

④单击"进给率和速度"按钮,设置主轴转速为 6000r/min,切削率为 1000mm/min。单击"刀轨生成"按钮,生成如图 8-54 所示刀具轨迹。为便于观察,图中放大了刀轨步距,之后的精加工刀轨也作了相同的处理。

图 8-52　"可变轮廓铣"对话框

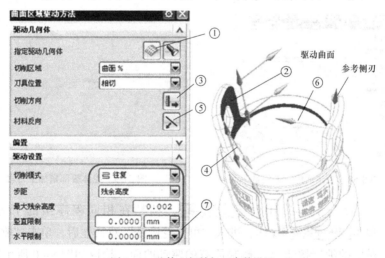

图 8-53　腔体上部精加工参数设置

2）腔体腰部精加工。复制"工序导航器"中的 F_D12R4_1,粘贴在相同程序组的下方,重命名为 F_D12R4_2。单击 F_D12R4_2 操作,进入"可变轮廓铣"对话框后,单击"驱动方法"下拉框中"曲面"对应的编辑按钮,进入"曲面区域驱动方法"对话框。删除原有的驱动曲面,拾取如图 8-55 所示腔体腰部曲面作为驱动曲面,其他选项和操作参见"腔体侧面上部精加工"。单击"刀轨生成"按钮,生成如图 8-56 所示刀具轨迹。

3）腔体底部精加工。

①复制"工序导航器"中的 F_D12R4_2,粘贴在相同程序组的下方,重命名为 F_D12R4_3。单击 F_D12R4_3 操作,进入"可变轮廓铣"对话框后,单击

图 8-54　腔体上部精加工刀轨

"驱动方法"下拉框中"曲面"对应的编辑按钮🔧，进入"曲面区域驱动方法"对话框。删除原有的驱动曲面，拾取如图 8-57 所示腔体底部曲面作为驱动曲面，其他设置不变。

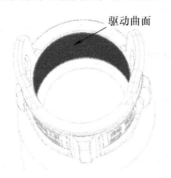

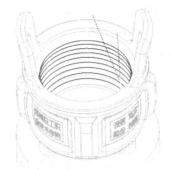

图 8-55　腔体腰部精加工驱动曲面　　图 8-56　腔体腰部精加工刀轨　　图 8-57　腔体圆角驱动曲面

② 单击"可变轮廓铣"对话框中的"刀轴"下拉框，选取刀轴方向为"朝向点"，如图 8-58 所示。单击"指定点"按钮➕，在弹出的"点构造器"对话框中，输入（0，0，300），其他设置不变。单击"刀轨生成"按钮▶，生成如图 8-59 所示刀具轨迹。

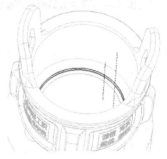

图 8-58　腔体圆角刀轴矢量　　　　　　　图 8-59　腔体腰部精加工刀轨

③ 复制"工序导航器"中的 `F_D12R4_3`，粘贴在相同程序组的下方，重命名为 `F_D12R4_4`。单击 `F_D12R4_4` 操作，进入"可变轮廓铣"对话框后，单击"驱动方法"下拉框中"曲面"对应的编辑按钮🔧。删除原有的驱动曲面，拾取如图 8-60 所示腔体底部曲面作为驱动曲面，其他设置不变。单击"刀轨生成"按钮▶，生成如图 8-61 所示刀具轨迹。

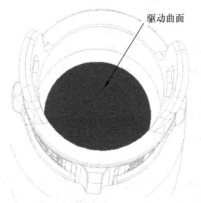

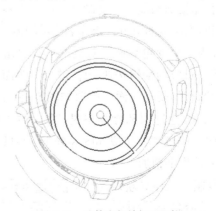

图 8-60　腔体底部驱动曲面　　　　　　　图 8-61　腔体底部精加工刀轨

（4）耳部精加工

1）耳部正面精加工。

① 单击"插入"工具栏中的"创建操作" ![] 按钮，系统弹出"创建操作"对话框，在 **类型** 下拉框中选择 `mill_contour`，在 **工序子类型** 区域中选择 ![]，在程序下拉框中选择 `FINISH_S_6`，在刀具下拉框中选择 `R3`，在几何体下拉框中选择 `WORKPIECE`，在 **方法** 下拉框中选择 `MILL_FINISH`，在 **名称** 文本框中输入 `F_D6_1`。单击 确定 按钮，系统弹出如图 8-62 所示"固定轮廓铣"对话框。

② 单击指定切削区域按钮 ![]，拾取如图 8-63 所示曲面集作为切削区域。

图 8-62　腔体耳部固定轮廓铣

图 8-63　腔体耳部固定轴铣曲面选取

③ 在"驱动方法"下拉框中选取"区域铣削"，系统弹出如图 8-64 所示"区域铣削驱动方法"对话框，按图所示设置相关参数。

④ 在"刀轴"下拉框中选择"指定矢量"，指定 X 轴正方向为刀轴矢量。单击"进给率和速度"按钮 ![]，设置主轴转速为 8000r/min，切削率为 1000mm/min。单击"刀轨生成"按钮 ![]，生成如图 8-65 所示刀具轨迹。

图 8-64　腔体耳部固定轴切削参数设置

图 8-65　腔体耳部固定轴铣刀轨

2）耳部侧面精加工。

① 单击"插入"工具栏中的"创建操作" 按钮，系统弹出"创建操作"对话框，在 **类型** 下拉框中选择 mill_multi-axis，在 **工序子类型** 区域中选择 ，在 **名称** 文本框中输入 F_D6_2，单击 **确定** 按钮，系统弹出如图 8-66 所示"可变流线铣"对话框。

② 单击"指定切削区域"按钮 ，拾取如图 8-67 所示曲面集作为切削区域，单击"流线"方式对应的编辑按钮 按钮，系统弹出"流线驱动方法"对话框。

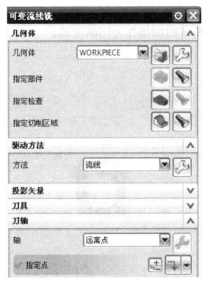

图 8-66　腔体耳部流线铣

图 8-67　拾取腔体耳部流线铣曲面

③ 在如图 8-68 所示"流线驱动方法"对话框中，"驱动方法"选择"指定"，按如图 8-69 所示设置流曲线和交叉曲线。切削参数按图 8-68 所示进行设置。

图 8-68　流线驱动参数设置

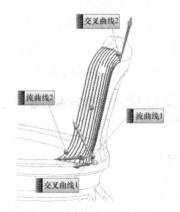

图 8-69　流曲线和交叉曲线

④ 设置"可变流线铣"对话框中的刀轴方向为"远离点"，单击"指定点"按钮 ，在弹出的"点构造器"对话框中输入坐标（40，－15，－100）。单击"进给率和速度"按钮 ，设置主轴转速为 8000r/min，切削率为 1000mm/min。单击"刀轨生成"按钮 ，生成如

图 8-70 所示刀具轨迹。

3）刀轨变换

① 在"工序导航器"中右键单击选择 F_D6_2 操作，选择【对象】→【变换】，在弹出的"变换"对话框中，按图 8-71 中的顺序操作，生成图中的镜像流线刀轨，将新生成的操作重命名为 F_D6_3。

② 在"工序导航器"中同时选中 F_D6_1、 F_D6_2、 F_D6_3 操作，右键单击选择【对象】→【变换】，在弹出的"变换"对话框中，按图 8-72 中的顺序操作，生成另一侧耳部精加工程序。

（5）腰部精加工

1）腰部轮廓精加工。

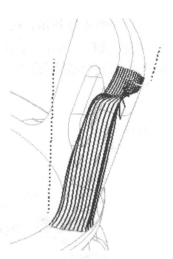

图 8-70　流线驱动刀轨

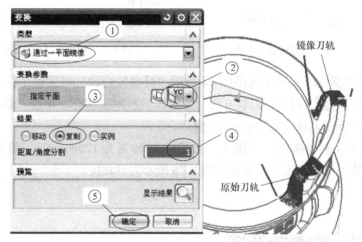

图 8-71　流线驱动刀轨镜像

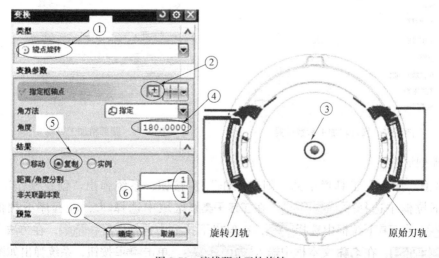

图 8-72　流线驱动刀轨旋转

① 如图 8-73 所示，在"工序导航器"中，右键单击选择 `ROUGH_S_VARIABLE` 程序组中的 `R_R1.5` 操作，选择"复制"，右键单击 `FINISH_S_1` 程序组，选择"内部粘贴"，并将粘贴后的程序重命名为 `F_R0.5_1`。

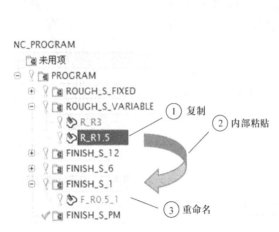

图 8-73 创建腰部精加工刀轨 　　　　　图 8-74 腰部精加工对话框

② 双击 `F_R0.5_1` 操作，弹出如图 8-74 所示"可变轮廓铣"对话框，在"刀具"下拉框中修改当前刀具为 `R0.5`，设置"刀轨方法"为精加工 `MILL_FINISH`。单击"驱动方法"对应的编辑按钮，按如图 8-75 所示设置加工参数。

③ 单击"进给率和速度"按钮，设置主轴转速为 12000r/min，切削率为 1500mm/min。单击"刀轨生成"按钮，生成如图 8-76 所示刀具轨迹。

图 8-75 腰部精加工参数设置 　　　　　图 8-76 腰部精加工刀轨

2）雕刻加工。

① 单击"插入"工具栏中的"创建操作"按钮，系统弹出"创建操作"对话框，在 **类型** 下拉框中选择 `mill_contour`，在 **工序子类型** 区域中选择，在程序下拉框中选择 `FINISH_S_1`，在刀具下拉框中选择 `R0.5`，在几何体下拉框中选择 `WORKPIECE`，在方法下拉框中选择 `MILL_FINISH`，在 **名称** 文本框中输入 `F_R0.5_2`。单击 确定 按钮，系统弹出如图 8-77 所示"固定轮廓铣"对话框。

② 单击"实用工具"工具栏中的"图层设置"按钮 ，勾选图层 204 前的复选框，使该图层可见，调出如图 8-78 所示校徽图案。

图 8-77　"雕刻加工"对话框　　　　　　　　　　　　　　　　图 8-78　雕刻校徽

③ 在"固定轮廓铣"对话框的"驱动方法"下拉框中，选择"曲线/点"，系统弹出如图 8-79 所示"曲线/点驱动方法"对话框。单击"选定曲线"按钮，拾取如图 8-80 所示驱动组。每一段封闭曲线为一个驱动组，因文字和数字过小，不作选取。拾取完成后，单击"图层设置"按钮，将图层 204 前的复选框中的红勾取消，隐藏该图层。

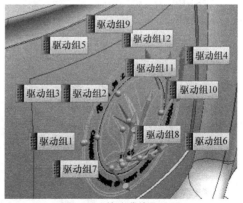

图 8-79　"曲线/点驱动方法"对话框　　　　　　　　　　　　图 8-80　拾取曲线组

④ 选取"固定轮廓铣"对话框中刀轴方向为"指定矢量"，拾取如图 8-81 所示曲面法向作为刀轴矢量。单击"切削参数"按钮，按如图 8-82 所示设置部件余量。

⑤ 单击"进给率和速度"按钮，设置主轴转速为 12000r/min，切削率为 1500mm/min。单击"刀轨生成"按钮，生成如图 8-83 所示刀具轨迹。

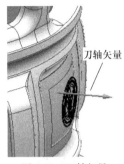

图 8-81 刀轴矢量

图 8-82 设置部件余量

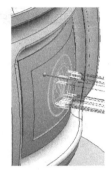

图 8-83 雕刻刀轨

（6）平面精加工 单击"插入"工具栏中的"创建操作"按钮，系统弹出"创建操作"对话框，在 类型 下拉框中选择 mill_planar，在 工序子类型 区域中选择，在程序下拉框中选择 FINISH_S_PM，在 刀具 下拉框中选择 D12R4，在几何体下拉框中选择 WORKPIECE，在 方法 下拉框中选择 MILL_FINISH，在 名称 文本框中输入 F_D12R4_5。单击 确定 按钮，系统弹出如图 8-84 所示"面铣削区域"对话框。

单击"指定切削区域"按钮，拾取如图 8-85 所示平面区域作为加工对象，按 8-84 对话框中所示设置刀轨参数。

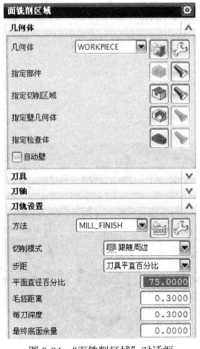

图 8-84 "面铣削区域"对话框

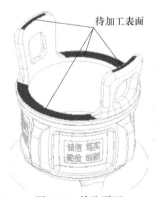

图 8-85 拾取平面

单击"进给率和速度"按钮，设置主轴转速为 6000r/min，切削率为 300mm/min。单击"刀轨生成"按钮，生成如图 8-86 所示刀具轨迹。鼎的上部加工完成之后，实体效果如图 8-87 所示。

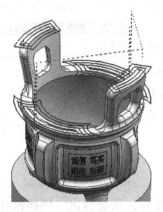

图 8-86　"表面铣"刀轨

图 8-87　工艺鼎上半部分加工实体图

8.4.2　工艺鼎底部加工

1. 创建父级组

（1）打开文件进入加工环境

1）打开下载文件 sample/source/08/gyd_d.prt，如图 8-19 所示模型被调入系统。

2）单击下拉菜单 ![开始] → ![加工(N)]，在系统弹出的"加工环境"对话框中，将**要创建的 CAM 设置**设置为 ![mill_contour]，单击 ![确定]，进入加工环境。

（2）创建程序

1）单击"插入"工具栏中"创建程序"按钮 ![]，系统弹出"创建程序"对话框，在**程序**下拉框中选择"PROGRAM"，在**名称**栏中输入程序名"rough_d_fixed"，单击"应用"。

2）选择"创建程序"对话框中的"类型"为"mill_multi_axis"，在"程序"下拉框中选择"PROGRAM"，在"名称"栏中输入程序名"finish_d_variable"，单击"确定"。

3）在"创建程序"对话框中选择"类型"为"mill_planar"，在"程序"下拉框中选择"PROGRAM"，在"名称"栏中输入程序名"finish_d_pm"，单击"确定"，完成程序名称的创建。

（3）创建刀具　创建表 8-3 所示刀具，其操作步骤与工艺鼎上半部刀具创建相同。

表 8-3　工艺鼎底部加工刀具表　　　　　　　　　（单位：mm）

刀号	名称	类型	刀具参数			刀柄参数		夹持器	
			直径 / 下半径	长度 / 刃长	切削刃数	直径 / 长度	锥柄长	下半径 / 长度	上半径
1	D25R4	圆鼻刀	25/4	30/10	2	25/70	0	45/60	45
2	D16	立铣刀	16	40/40	2	16/40	0	30/60	30
3	R3	球头刀	6	20/5	2	6/40	0	20/60	30

（4）创建几何体　坐标系与安全平面采用部件的默认设置，此处不作修改。

1）部件几何体设定。在操作导航器的空白处右键单击，在弹出的快捷菜单中单击几何

视图按钮 🔲，几何视图，双击坐标节点 ⊞ 🔧 MCS_MILL 下的 🔩 WORKPIECE 节点，系统弹出"几何体"对话框，单击指定部件按钮 🔩，系统弹出"部件几何体"对话框，单击工作界面中的实体模型，单击 确定 ，完成部件几何体的创建。

2）毛坯几何体设定。单击"几何体"对话框中的指定毛坯 按钮 🔩，系统弹出如图 8-88 所示"毛坯几何体"对话框，按图中所示设置相关参数，因底部顶面前道工序由锯床加工，故 Z 向设置较大余量。单击 确定 完成毛坯几何体创建。

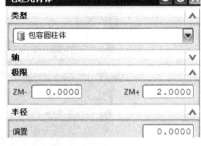

图 8-88 "工艺鼎底部"毛坯几何体设置

2. 创建操作

（1）D25R4 粗加工

1）单击"插入"工具栏中的"创建操作" 🔧 按钮，系统弹出"创建操作"对话框，在 **类型** 下拉框中选择 mill_contour ，在 **工序子类型** 区域中选择 🔧，在程序下拉框中选择 ROUGH_S_FIXED ，在刀具下拉框中选择 D25R4 ，在几何体下拉框中选择 WORKPIECE ，在方法下拉框中选择 MILL_ROUGH ，在 **名称** 文本框中输入 r_D25R4_d1 ，单击 确定 按钮，系统弹出如图 8-89 所示"型腔铣"对话框。

图 8-89 工艺鼎底部"型腔铣"对话框

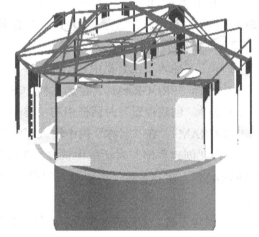

图 8-90 工艺鼎底部粗加工刀轨

2）按图 8-89 所示设置粗铣行距和每刀切削深度，单击"进给率和速度"按钮 🔧，设置主轴转速为 5000r/min，切削率为 1500mm/min。

3）单击"刀轨生成"按钮 🔧，生成如图 8-90 所示刀具轨迹。

（2）R3 球刀五轴等高铣精加工

1）单击"插入"工具栏中的"创建操作" 🔧 按钮，系统弹出"创建操作"对话框，在 **类型** 下拉框中选择 mill_multi-axis ，在 **工序子类型** 区域中选择 🔽，在程序下拉框中选择 FINISH_D_VARIABLE ，在刀具下拉框中选择 R3 ，在几何体下拉框中选择 WORKPIECE ，在方法下拉框中选择 MILL_FINISH ，在 **名称** 文本框中输入 F_r3_d1 。单击 确定 按钮，系统弹出如图

8-91 所示"深度加工 5 轴铣"对话框。

2）单击"实用工具"工具栏中的"图层设置"按钮 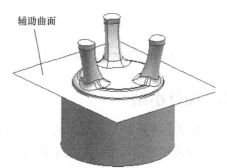，勾选图层 200 前的复选框，使该图层可见，调出如图 8-92 所示辅助平面，并单击"确定"。

3）单击"深度加工 5 轴铣"对话框中的"指定检查"按钮 ，拾取如图 8-92 所示辅助平面作为检查几何体。单击"图层设置"按钮 ，将图层 200 前的复选框中的红勾取消，隐藏该图层。

4）按图 8-91 所示设置相关切削参数，单击"进给率和速度"按钮 ，设置主轴转速为 80000r/min，切削率为 1500mm/min。单击"刀轨生成"按钮 ，生成如图 8-93 所示刀具轨迹。为便于观察，图中放大了刀轨步距。

图 8-91　"深度加工 5 轴铣"对话框

图 8-92　检查几何体

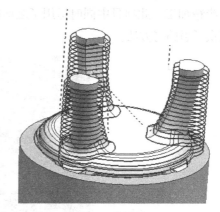

图 8-93　五轴等高铣刀轨

（3）平面精加工

1）单击"插入"工具栏中的"创建操作" 按钮，系统弹出"创建操作"对话框，在 **类型** 下拉框中选择 mill_planar，在 **工序子类型** 区域中选择 ，在程序下拉框中选择 FINISH_D_PM，在刀具下拉框中选择 D16，在几何体下拉框中选择 WORKPIECE，在 **方法** 下拉框中选择 MILL_FINISH，在 **名称** 文本框中输入 F_D16_d1。单击 确定 按钮，系统弹出"表面铣"对话框。

2）单击"指定切削区域"按钮 ，拾取如图 8-94 所示平面区域作为加工对象。刀轨参数设置与鼎上半部分平面精加工相同。

3）单击"进给率和速度"按钮，设置主轴转速为 8000r/min，切削率为 500mm/min。单击"刀轨生成"按钮，生成如图 8-95 所示刀具轨迹。

待加工平面

图 8-94　底部平面选取　　　　　　　　　图 8-95　底部平面精加工刀轨

8.5　项目小结

此项目以实际生成的工艺鼎为例，加工后的成品如图 8-96 所示。本项目详细介绍了 UG 的可变轴中的刀轴控制功能。工艺鼎的加工过程中运用了五轴等高、曲面驱动、流线驱动、曲线/点驱动、侧刃驱动、指向点、远离部件等大部分可变轴功能。可变轴加工不但广泛应用于各类复杂空间曲面的精加工，而且结合切削参数中的多刀路功能，有时也可用于零件的粗加工和半精加工。此项目中同时运用了之前的平面铣、固定轮廓铣功能，为各类复杂零件的加工提供了思路与方法。

图 8-96　工艺鼎成品

项目 9　叶轮的加工

9

9.1　项目描述

打开下载文件 sample/source/09/yl.prt，完成如图 9-1 所示叶轮的加工，零件材料为 LY12 硬铝。

图 9-1　叶轮

9.2　项目分析

叶轮的主要结构由叶毂、主叶片、分流叶片（有些叶轮只有主叶片，没有分流叶片）、叶根圆角等组成，叶轮的加工主要是针对这些结构的粗、精加工。在生成叶轮刀轨时，为确定叶轮的加工范围还需指定辅助的叶片包覆。

1. 毛坯选择与工件装夹

叶轮的加工大多选用五轴联动的加工中心来完成，若直接选用圆柱形棒料安装在五轴加工中心上，则去除残料占用高档机床的时间较长，成本过高。故可先在数控车床上去除毛坯的大部分残料后，加工成如图 9-2 所示半成品。再安装到五轴联动的加工中心上进行加工。

图 9-2　叶轮毛坯

叶轮在五轴联动机床上的装夹大多采用两种形式。叶轮尺寸较小时，可直接用自定心卡盘进行装夹，等加工完叶轮主体部分后，再去掉卡盘夹持的多余的下端圆柱部分。当叶轮尺寸较大时，可通过叶轮中心的孔和底平面实现一个短圆柱销和一个大平面进行定位，在上部用螺栓和螺母进行夹紧。因本例叶轮中心已有加工好的中心孔，故选择第二种装夹方式。

2. 粗加工方案

叶轮在五轴加工中心的粗加工方案一般为定轴开粗，为便于粗加工刀轨的生成，减少计算量，一般创建如图 9-3 所示辅助毛坯与叶轮本体一起作为毛坯几何体。叶轮本体作为部件几何体，刀具可通过两或三个方向进行开粗，快速去除残料。

UG 软件的叶轮加工模块也提供了五轴开粗加工方法，只需指定叶毂、主叶片、分流叶片、叶根圆角、叶片包覆等部件结构，系统自动生成五轴粗加工刀轨。

定轴开粗和五轴模块化开粗相比，定轴开粗操

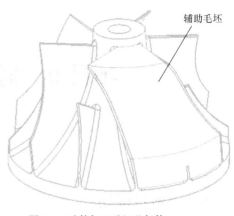

辅助毛坯

图 9-3　叶轮加工毛坯几何体

作相对较烦琐，但刀具选用相对灵活，并且切削过程中刀具一直是定轴方式，故整体刚性较好。五轴模块化开粗操作简洁，但切削过程中刀具一直处于变轴方式，刚性较差，刀具磨损也较快，故一般情况下不建议采用。

本例中选用直径为 5mm 的键槽铣刀，使用"固定轮廓铣"沿两个方向对叶轮进行开粗。首先沿如图 9-4a 所示 S_1 方向进行了粗加工，去除大部分余量，再沿如图 9-4b 所示 S_2 方向进行残料粗加工，去除剩余残料。

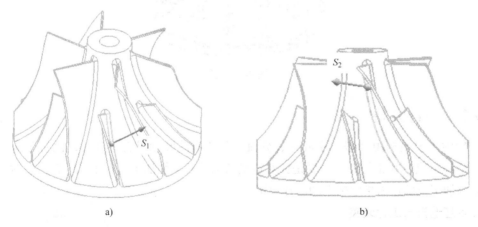

a)　　　　　　　　　　　　　　　　　　　　b)

图 9-4　叶轮定向粗加工矢量选取

3. 精加工方案

叶轮的精加工主要针对四个区域：叶毂、主叶片、分流叶片和叶根圆角。叶毂、主叶片、分流叶片部分选用 R2 的球头刀进行加工，叶根圆角采用 $R1.5mm$ 的球头刀进行加工。精加工方案选用 UG 软件提供的模块化功能。

9.3　叶轮模块简介

1. 叶轮加工子功能

进入 UG NX 加工界面后，单击"创建操作"按钮 ，在系统弹出的对话框中，选择可

变轴加工方式mill_multi_blade，工序子类型中显示出如图 9-5 所示叶轮的四种加工方式。叶轮加工模块子功能见表 9-1。

2. 叶轮的结构

进入叶轮加工模块后，系统弹出如图 9-6 所示"多叶片粗加工"对话框，叶轮的加工主要为定义叶毂、主叶片、分流叶片、叶根圆角、包覆面五个几何体。

（1）叶毂　叶毂可以由一个曲面或一组曲面组成，叶毂几何体必须绕叶轮部件轴旋转，叶毂处于叶片的下方，必须至少在叶片的前缘和后缘之间延伸，也可超出叶片的前缘和后缘，可以环绕整个叶轮，也可以仅覆盖叶轮的一部分。

图 9-5　"创建工序"对话框

表 9-1　叶轮加工模块子功能

图标	英文	中文	说　　明
	MULTI_BLADE_ROUGH	可变轴叶轮粗加工	通过指定的叶毂、主叶片、分流叶片、叶根圆角、叶片包覆等部件，生成可变轴的叶轮粗加工程序
	HUB_FINISH	轮毂精加工	通过指定的叶毂、主叶片、分流叶片、叶根圆角、叶片包覆等部件，生成可变轴的叶轮底面（即轮毂）的精加工程序
	BLADE_FINISH	叶片精加工	通过指定的叶毂、主叶片、分流叶片、叶根圆角、叶片包覆等部件，生成可变轴叶轮主叶片或分流叶片（可选）的精加工程序
	BLEND_FINISH	圆轮圆角精加工	通过指定的叶毂、主叶片、分流叶片、叶根圆角、叶片包覆等部件，生成可变轴叶轮叶片底部圆角的精加工程序

（2）主叶片　叶轮中大叶片的壁，不包含叶冠和底部圆角面，位于叶毂上方。若部件不包含圆角面，叶片和叶毂之间也可留出缝隙。但叶毂和叶片之间的缝隙不得大于刀具半径。主叶片的范围不可超过叶毂。

（3）分流叶片　叶轮中的小叶片在叶轮工作时，用于分流空气或液体。分流叶片包含小叶片的壁面和圆角面。指定时必须位于选定主叶片的右侧。两个主叶片之间最多只能有五个分流叶片。即使多个分流叶片的几何体相同，每个分流叶片也必须单独进行定义。必须为每个分流叶片创建新集，并按照从左至右的顺序指定多个分流叶片。

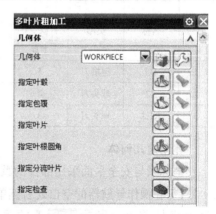

图 9-6　"多叶片粗加工"对话框

（4）叶根圆角　主叶片的底部圆角，即主叶片和叶毂之间的圆弧过渡几何体。

（5）包覆面　可由主叶片的叶冠边界绕叶轮轴线旋转生成，用于确定毛坯范围，同时由于要驱动叶轮加工模块，所以必须是光滑的曲面，包覆面必须能覆盖整个叶片，必要时可沿两端边界进行延伸。

9.4 项目实施

9.4.1 创建父节点组

1. 打开文件进入加工环境

1）打开下载文件 sample/source/09/yl.prt，如图 9-1 所示模型被调入系统。

2）单击下拉菜单  开始 → 加工(N)，在系统弹出的"加工环境"对话框中，将**要创建的 CAM 设置**设置为 `mill_multi_blade`，单击 **确定**，进入加工环境。

2. 创建程序

单击"插入"工具栏中"创建程序"按钮，系统弹出如图 9-7 所示"创建程序"对话框，在**程序**下拉框中选择"PROGRAM"，在**名称**栏中输入程序名"rough_yl"，单击"应用"创建叶轮粗加工程序。继续创建叶毂精加工程序"finish_yg"，主叶片精加工程序"finish_zyp"，分流叶片精加工程序"finish_flyp"，叶根圆角精加工程序"finish_ylyj"。

图 9-7 "创建程序"对话框

3. 创建刀具

加工叶轮时，因刀具是五轴联动，所以不能直观地观察刀柄与工件的干涉情况，故要在创建刀具时，对刀柄与夹持器进行定义。单击创建刀具按钮，创建表 9-2 所示叶轮加工刀具，详细操作步骤可参考项目 8。

表 9-2 叶轮加工刀具表 （单位：mm）

刀号	名称	类型	刀具参数			刀柄参数		夹持器	
			直径/下半径	长度/刃长	切削刃数	直径/长度	锥柄长	下半径/长度	上半径
1	D5	键槽刀	5	30/25	2	5/20	0	25/60	25
2	R2	球头刀	4	20/4	2	4/20	0	25/60	25
3	R1.5	球头刀	3	20/4	2	5/20	10	25/60	25

4. 创建几何体

坐标系与安全平面采用部件的默认设置，此处不作修改。

1）在操作导航器的空白处右键单击，在弹出的快捷菜单中单击几何视图按钮 几何视图，双击坐标节点 `MCS_MILL` 下的 `WORKPIECE` 节点，系统弹出"几何体"对话框。单击**指定部件按钮**，系统弹出"部件几何体"对话框，选择工作界面中的叶轮模型作为部件几何体。

2）单击"实用工具"工具栏中的"图层设置"按钮，勾选图层 201 前的复选框，使该图层可见，调出如图 9-3 所示辅助毛坯，单击**指定毛坯按钮**。拾取叶轮模型和辅助毛坯作为毛坯几何体。单击"图层设置"按钮，将图层 201 前的复选框中的红勾取消，隐藏该图层。

3）单击创建几何体按钮，按如图 9-8 所示设置系统弹出的创建几何体对话框，单击"确定"，系统弹出如图 9-9 所示"多叶片几何体"对话框。

图 9-8 "创建几何体"对话框

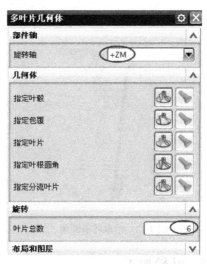

图 9-9 "多叶片几何体"对话框

4）单击"指定叶毂"按钮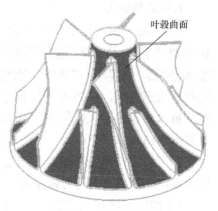，拾取如图 9-10 所示曲面作为叶毂曲面。

5）单击"实用工具"工具栏中的"图层设置"按钮，在弹出的"图层设置"对话框中，勾选图层 200 前的复选框，使该图层可见，显示如图 9-11 所示辅助平面。

6）单击"指定包覆"按钮，拾取如图 9-11 所示辅助平面作为包覆曲面。单击"图层设置"按钮，去掉图层 200 前的复选框，隐藏辅助曲面。

7）单击"指定叶片"按钮，拾取如图 9-12 所示曲面作为主叶片曲面。

图 9-10 拾取叶毂曲面

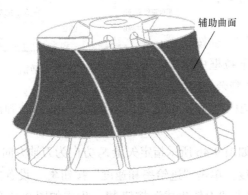

图 9-11 显示包覆曲面

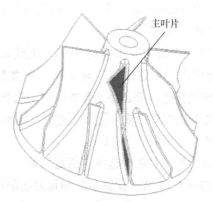

图 9-12 拾取主叶片曲面

8）单击"指定叶根圆角"按钮 ，拾取如图 9-13 所示主叶片下的圆角作为叶根圆角几何体。

9）单击"指定分流叶片"按钮 ，拾取如图 9-14 所示曲面作为分流叶片曲面。

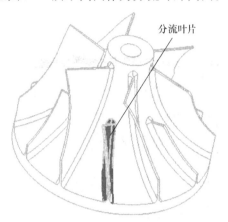

图 9-13　拾取叶根圆角　　　　　　　　　　图 9-14　拾取分流叶片

9.4.2　叶轮加工

1. 叶轮粗加工

1）单击"插入"工具栏中的"创建操作" 按钮，系统弹出"创建操作"对话框，在 **类型** 下拉框中选择 `mill_contour`，在**工序子类型**区域中选择 ，在程序下拉框中选择 `ROUGH_YL`，在**刀具**下拉框中选择 `D5`，在几何体下拉框中选择 `WORKPIECE`，在 **方法** 下拉框中选择 `MILL_ROUGH`，在**名称**文本框中输入 `R_D5_1`，单击 确定 按钮。系统弹出如图 9-15 所示"型腔铣"对话框。

2）在刀轴下拉框中选择"指定矢量"，按如图 9-4a 所示指定矢量 S_1 方向为刀轴方向。

3）按图 9-15 所示设置步距和每刀切削深度。单击"进给率和速度"按钮 ，设置主轴转速为 8000r/min，切削率为 1000mm/min。单击"刀轨生成"按钮 ，生成如图 9-16 所示刀具轨迹。

图 9-15　"型腔铣"对话框

4）单击"插入"工具栏中的"创建操作" 按钮，系统弹出"创建操作"对话框，在 **类型** 下拉框中选择 `mill_contour`，在**工序子类型**区域中选择"剩余铣" ，在**名称**文本框中输入 `REST_D5_1`，其他选项与型腔铣相同，单击 确定 按钮。系统弹出如图 9-17 所示"剩余铣"对话框。

5）在刀轴下拉框中选择"指定矢量"，按如图 9-4b 所示指定矢量 S_2 方向为刀轴方向。

6）按图 9-17 所示设置步距和每刀切削深度。单击"进给率和速度"按钮 ，设置主轴转速为 8000r/min，切削率为 1000mm/min。单击"刀轨生成"按钮 ，生成如图 9-18 所示刀具轨迹。

7）在操作导航器中选择 R_D5_1 和 REST_D5_1 操作，右键单击选择【对象】→【变换】，旋转生成其他五个区域的粗加工刀轨。刀轨变换在之前项目中反复使用，此处不再累述。

8）粗加工后，"2D 动态"仿真效果如图 9-19 所示。为减化计算量，更有效地控制刀轨，故仅对区域的 1/6 设置了毛坯，因此仿真效果也仅在该区域内显示，但对程序生成和零件加工不构成任何影响。

图 9-16　型腔铣刀具轨迹

图 9-17　"剩余铣"对话框

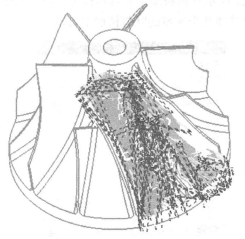

图 9-18　剩余铣刀具轨迹

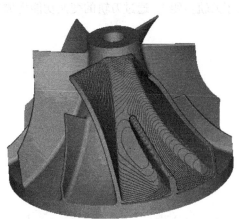

图 9-19　粗加工实体仿真效果

2. 叶毂精加工

1）单击"插入"工具栏中的"创建操作" 按钮，系统弹出"创建操作"对话框，在 **类型** 下拉框中选择 mill_multi_blade，在 **工序子类型** 区域中选择"叶毂精加工" ，在程序下拉框中选择 FINISH_YG，在刀具下拉框中选择 R2，在几何体下拉框中选择 MULTI_BLADE_GEOM，在方法 下拉框中选择 MILL_FINISH，在 **名称** 文本框中输入 F_YG_R2_1，单击 确定 按钮，系统弹出如图 9-20 所示"叶毂精加工"对话框。

2）单击"叶毂精加工"对应的编辑按钮，按如图 9-21 所示设置系统弹出的"叶毂精加工驱动方法"对话框。

图 9-20　"叶毂精加工"对话框

图 9-21　叶毂精加工参数设置

3）单击"进给率和速度"按钮，设置主轴转速为 10000r/min，切削率为 1500mm/min。单击"刀轨生成"按钮，生成如图 9-22 所示叶毂精加工刀具轨迹（为便于观察，图中放大了刀轨步距）。通过刀轨的变换功能生成其他几个区域的叶毂精加工刀轨。

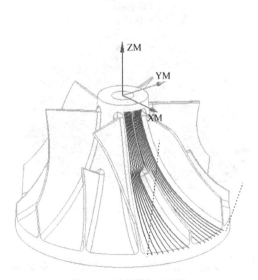

图 9-22　叶毂精加工刀轨

图 9-23　"叶片精加工"对话框

3. 主叶片精加工

1）单击"插入"工具栏中的"创建操作"按钮，系统弹出"创建操作"对话框，在 **类型** 下拉框中选择 mill_multi_blade，在 **工序子类型** 区域中选择"主叶片精加工" ，在程序下拉框中选择 FINISH_ZYP，在 **刀具** 下拉框中选择 R2，在几何体下拉框中选择 MULTI_BLADE_GEOM，在 **方法** 下拉框中选择 MILL_FINISH，在 **名称** 文本框中输入 F_ZYP_R2_1，单击 **确定** 按钮，系统弹出如图 9-23 所示"叶片精加工"对话框。

2）单击"叶片精加工"对应的编辑按钮 ，按如图 9-24 所示设置系统弹出的"叶片精加工驱动方法"对话框。

3）单击"进给率和速度"按钮 ，设置主轴转速为 10000r/min，切削率为 1000mm/min。单击"刀轨生成"按钮 ，生成如图 9-25 所示主叶片精加工刀具轨迹。通过刀轨的变换功能生成其他几个主叶片的精加工刀轨。

图 9-24　"叶片精加工驱动方法"对话框

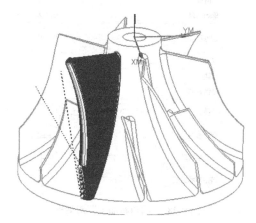

图 9-25　主叶片精加工刀轨

4. 分流叶片精加工

分流叶片精加工的操作界面与主叶片相同。只需按如图 9-26 所示设置"叶片精加工驱动方法"对话框，分流叶片精加工刀轨如图 9-27 所示。通过刀轨的变换功能生成其他几个分流叶片的精加工刀轨。

图 9-26　分流叶片精加工参数设置

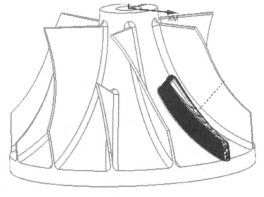

图 9-27　分流叶片精加工刀轨

5. 叶片圆角精加工

1）单击"插入"工具栏中的"创建操作" 按钮，系统弹出"创建操作"对话框，在

工序子类型区域中选择"叶片圆角精加工" ，在程序下拉框中选择FINISH_YLYJ，在**刀具**下拉框中选择R1.5，在**名称**文本框中输入F_YLYJ_R1.5_1，其他设置与主叶片精加工相同，单击确定按钮，系统弹出如图 9-28 所示"圆角精加工"对话框。

图 9-28 "圆角精加工"对话框　　　　　图 9-29 圆角精加工参数设置

2）单击"圆角精加工"对应的编辑按钮 ，按如图 9-29 所示设置系统弹出的"圆角精加工驱动方法"对话框。

3）单击"进给率和速度"按钮 ，设置主轴转速为 10000r/min，切削率为 1000mm/min。单击"刀轨生成"按钮 ，生成如图 9-30 所示叶根圆角加工刀具轨迹。通过刀轨的变换生成其他几个主叶片的精加工刀轨。

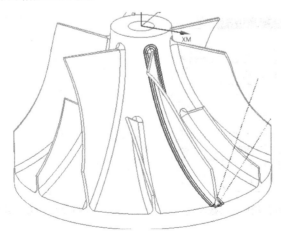

图 9-30 叶根圆角刀具轨迹

9.5 项目小结

本例介绍了带分流叶片的叶轮加工的整个过程，叶轮加工后，实体仿真效果如图 9-31 所示。和大多数 CAM 软件一样，UG NX7.5 版本之后，提供了针对叶轮的独立加工模块，这一加工模块简化了叶轮加工的整个操作过程。叶毂、叶片及叶根圆角的精加工策略都非常便捷、理想。但粗加工子模块在使用过程中，存在加工效率低，刀轴摆动频繁，刀具损耗快等缺点，因此一般情况下，叶片的粗加工都采用定轴轮廓铣。

图 9-31 叶轮加工实体仿真效果